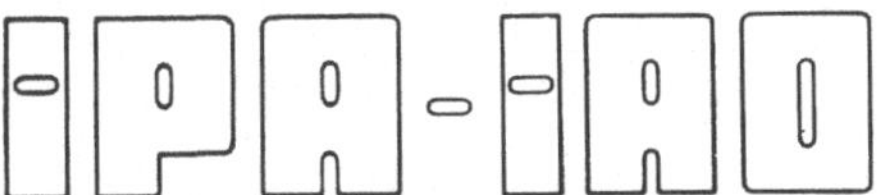

Forschung und Praxis

Band 121

Berichte aus dem
Fraunhofer-Institut für Produktionstechnik
und Automatisierung (IPA), Stuttgart,
Fraunhofer-Institut für Arbeitswirtschaft
und Organisation (IAO), Stuttgart, und
Institut für Industrielle Fertigung und
Fabrikbetrieb der Universität Stuttgart

Herausgeber: H. J. Warnecke und H.-J. Bullinger

Ernst Wolf

Bestücken von Leiterplatten mit Industrierobotern

Mit 63 Abbildungen

Springer-Verlag
Berlin Heidelberg New York
London Paris Tokyo 1988

Dipl.-Ing. Ernst Wolf

Fraunhofer-Institut für Produktionstechnik und Automatisierung (IPA), Stuttgart

Dr.-Ing. H. J. Warnecke

o. Professor an der Universität Stuttgart
Fraunhofer-Institut für Produktionstechnik und Automatisierung (IPA), Stuttgart

Dr.-Ing. habil. H.-J. Bullinger

o. Professor an der Universität Stuttgart
Fraunhofer-Institut für Arbeitswirtschaft und Organisation (IAO), Stuttgart

D 93

ISBN-13:978-3-540-50013-1   e-ISBN-13:978-3-642-83543-8
DOI: 10.1007/978-3-642-83543-8

Die Wiedergabe von Gebrauchsnamen, Handelsnamen, Warenbezeichnungen usw. in diesem Werk berechtigt auch ohne besondere Kennzeichnung nicht zu der Annahme, daß solche Namen im Sinne der Warenzeichen- und Markenschutz-Gesetzgebung als frei zu betrachten wären und daher von jedermann benutzt werden dürften.

Sollte in diesem Werk direkt oder indirekt auf Gesetze, Vorschriften oder Richtlinien (z. B. DIN, VDI, VDE) Bezug genommen oder aus ihnen zitiert worden sein, so kann der Verlag keine Gewähr für Richtigkeit, Vollständigkeit oder Aktualität übernehmen. Es empfiehlt sich, gegebenenfalls für die eigenen Arbeiten die vollständigen Vorschriften oder Richtlinien in der jeweils gültigen Fassung hinzuzuziehen.

Gesamtherstellung: Copydruck GmbH, Heimsheim
2362/3020—543210

<u>Geleitwort der Herausgeber</u>

Futuristische Bilder werden heute entworfen:

o Roboter bauen Roboter,

o Breitbandinformationssysteme transferieren riesige Datenmengen in
  Sekunden um die ganze Welt.

Von der "menschenleeren Fabrik" wird da gesprochen und vom "papierlo-
sen Büro". Wörtlich genommen muß man beides als Utopie bezeichnen,
aber der Entwicklungstrend geht sicher zur "automatischen Fertigung"
und zum "rechnerunterstützten Büro". Forschung bedarf der Perspektive,
Forschung benötigt aber auch die Rückkopplung zur Praxis - insbesondere im Bereich der Produktionstechnik und der Arbeitswissenschaft.

Für eine Industriegesellschaft hat die Produktionstechnik eine Schlüs-
selstellung. Mechanisierung und Automatisierung haben es uns in den
letzten Jahren erlaubt, die Produktivität unserer Wirtschaft ständig
zu verbessern. In der Vergangenheit stand dabei die Leistungssteigerung
einzelner Maschinen und Verfahren im Vordergrund. Heute wissen wir, daß
wir das Zusammenspiel der verschiedenen Unternehmensbereiche stärker
beachten müssen. In der Fertigung selbst konzipieren wir flexible Fer-
tigungssysteme, die viele verkettete Einzelmaschinen beinhalten. Dort,
wo es Produkt und Produktionsprogramm zulassen, denken wir intensiv
über die Verknüpfung von Konstruktion, Arbeitsvorbereitung, Fertigung
und Qualitätskontrolle nach. Rechnerunterstützte Informationssysteme
helfen dabei und sollen zum CIM (Computer Integrated Manufacturing)
führen und CAD (Computer Aided Design) und CAM (Computer Aided Manufacturing) vereinen. Auch die Büroarbeit wird neu durchdacht und mit
Hilfe vernetzter Computersysteme teilweise automatisiert und mit den
anderen Unternehmensfunktionen verbunden. Information ist zu einem
Produktionsfaktor geworden, und die Art und Weise, wie man damit umgeht,
wird mit über den Unternehmenserfolg entscheiden.

Der Erfolg in unseren Unternehmen hängt auch in der Zukunft entscheidend von den dort arbeitenden Menschen ab. Rationalisierung und Automatisierung müssen deshalb im Zusammenhang mit Fragen der Arbeitsgestal-
tung betrieben werden, unter Berücksichtigung der Bedürfnisse der Mitarbeiter und unter Beachtung der erforderlichen Qualifikationen. Investitionen in Maschinen und Anlagen müssen deshalb in der Produktion wie
im Büro durch Investitionen in die Qualifikation der Mitarbeiter be-
gleitet werden. Bereits im Planungsstadium müssen Technik, Organisation
und Soziales integrativ betrachtet und mit gleichrangigen Gestaltungs-
zielen belegt werden.

Von wissenschaftlicher Seite muß dieses Bemühen durch die Entwicklung
von Methoden und Vorgehensweisen zur systematischen Analyse und Ver-
besserung des Systems Produktionsbetrieb einschließlich der erforderlichen Dienstleistungsfunktionen unterstützt werden. Die Ingenieure
sind hier gefordert, in enger Zusammenarbeit mit anderen Disziplinen,
z. B. der Informatik, der Wirtschaftswissenschaften und der Arbeitswissenschaft, Lösungen zu erarbeiten, die den veränderten Randbedingungen
Rechnung tragen.

Beispielhaft sei hier an den großen Bereich der Informationsverarbei-
tung im Betrieb erinnert, der von der Angebotserstellung über Konstruktion und Arbeitsvorbereitung, bis hin zur Fertigungssteuerung und Qualitätskontrolle reicht. Beim Materialfluß geht es um die richtige Aus-

wahl und den Einsatz von Fördermitteln sowie Anordnung und Ausstattung
von Lagern. Große Aufmerksamkeit wird in nächster Zukunft auch der
weiteren Automatisierung der Handhabung von Werkstücken und Werkzeugen sowie der Montage von Produkten geschenkt werden.

Von der Forschung muß in diesem Zusammenhang ein Beitrag zum Einsatz
fortschrittlicher intelligenter Computersysteme erfolgen. Planungs-
prozesse müssen durch Softwaresysteme unterstützt und Arbeitsbedingun-
gen wissenschaftlich analysiert und neu gestaltet werden.

Die von den Herausgebern geleiteten Institute, das

- Institut für Industrielle Fertigung und Fabrikbetrieb der Universität
  Stuttgart (IFF),

- Fraunhofer-Institut für Produktionstechnik und Automatisierung (IPA),

- Fraunhofer-Institut für Arbeitswirtschaft und Organisation (IAO)

arbeiten in grundlegender und angewandter Forschung intensiv an den
oben aufgezeigten Entwicklungen mit. Die Ausstattung der Labors und
die Qualifikation der Mitarbeiter haben bereits in der Vergangenheit
zu Forschungsergebnissen geführt, die für die Praxis von großem
Wert waren. Zur Umsetzung gewonnener Erkenntnisse wird die Schriftenreihe "IPA-IAO - Forschung und Praxis" herausgegeben. Der vorliegende
Band setzt diese Reihe fort. Eine Übersicht über bisher erschienene
Titel wird am Schluß dieses Buches gegeben.

Dem Verfasser sei für die geleistete Arbeit gedankt, dem Springer-
Verlag für die Aufnahme dieser Schriftenreihe in seine Angebotspa-
lette und der Druckerei für saubere und zügige Ausführung. Möge das
Buch von der Fachwelt gut aufgenommen werden.

H. J. Warnecke · H.-J. Bullinger

<u>Vorwort</u>

Die vorliegende Arbeit entstand während meiner
Tätigkeit als wissenschaftlicher Mitarbeiter am
Fraunhofer-Institut für Produktionstechnik und
Automatisierung (IPA), Stuttgart.

Mein besonderer Dank gilt dem Leiter des Institutes, Herrn Prof. Dr.-Ing. H.J. Warnecke, für
seine großzügige Förderung, die entscheidend zur
erfolgreichen Durchführung dieser Arbeit beige-
tragen hat.

Herrn Prof. Dr.-Ing. H.-K. Müller danke ich für
die Übernahme des Korreferats und für die vielen
wertvollen Hinweise, die sich daraus ergaben.

Aus dem großen Kreis der Kolleginnen und
Kollegen des Institutes, die mich durch Ihre
Mitarbeit und anregende Kritik unterstützt
haben, möchte ich die Herren Dr.-Ing. M.
Schweizer, Dr.-Ing. E. Abele, Dipl.-Ing. U.
Schweigert, Dipl.-Ing. (FH) Ch. Schult, cand.
mach. M. Gaul sowie Frau Dipl. Bibliothekarin
Ch. Berse besonders erwähnen.
Ihnen allen gilt mein besonderer Dank.

Stuttgart im März 1988   Ernst Wolf

I N H A L T S V E R Z E I C H N I S

0   <u>Abkürzungen und Formelzeichen</u>

         <u>Großbuchstaben</u>

A   -   Zweite rotatorische Hauptachse eines
                    Industrieroboters
AD   -   Anschlußdraht
B   -   Bestückroboter
BB   -   Bestückbohrung
BE   -   Bauelement
BK   -   Bauelementkörper
C   -   Erste rotatorische Hauptachse eines
                    Industrieroboters
CCD   -   Charge Coupled Device
DNC   -   Direct Numerical Control
D   mm   Bohrungsdurchmesser
E N/mm^2 Elastizitätsmodul
F   N   Kraft
FF   mm   Fügefreiraum
FI   -   Fertigungsinsel
FL   -   Fertigungslinie
GF   mm   Greiferöffnungsfreiraum
H   -   Transformationsmatrix
HR   -   Handhabungsroboter
I mm^4 Trägheitsmoment
K   -   Positionskorrekturvektor
KF   mm   Greiferöffnungsfreiraum beim Greifen an den
                    Anschlußdrähten
L   mm   Streubreite
LD   mm   Leiterplattendicke
MTBF   min   Mean Time Between Failure
PW   -   Pegelwandler
R   -   Lineare, senkrechte Hauptachse
RM   mm   Rastermaß
S   mm   Achsabstand zwischen Bestückbohrung und
                    Anschlußdraht

SMD	-	Surface Mounted Device
T	mm	Gesamtabweichung
V	m/s	Geschwindigkeit
W	-	Rotatorische Nebenachse

Kleinbuchstaben

a	m/s^2	Beschleunigung
b	mm	Backendicke
c	1/°C	Wärmedehnungskoeffizient
d	mm	Anschlußdrahtdurchmesser
e	mm	Rastermaß von Bauelementen
f	mm	Fügespiel
g	mm	Abstand der Indexierbohrungen in x-Richtung
h	-	Richtfaktor
j	-	Index für Bestückreihenfolge
k	-	Index für die Anschlußdrähte
l	mm	Länge der Anschlußdrähte
m	Kg	Masse
n	-	Häufigkeit
o	mm	Abstand der Indexierbohrungen in y-Richtung
p	mm	Tiefe der Einführschräge
q	mm	Abstand Drahtachse zu Außenkante
r	mm	Rückfederung
s	mm	Federweg
sf	-	Schrittfaktor
t	s	Taktzeit
u	mm	Auslenkung
v	mm	Verformung
w	mm	Sicherheitsabstand
x, y	mm	Soll-Position in x-, y-Richtung
x', y'	mm	Ist-Position in x-, y-Richtung

Griechische Buchstaben

α	°	Kippwinkel
α_{LK}	°	Neigungswinkel des Lötkolbens
β_V	°	Neigungswinkel des Lötdrahtvorschubs
Δ		Differenz
$\Delta\vartheta$	°C	Temperaturdifferenz
$\Delta X, \Delta Y$	mm	Lageabweichung von Anschlußdrähten am Bauelementkörper in x-, y-Richtung
$\Delta x, \Delta y$	mm	Lageabweichung von Leiterplattenbohrungen in x-, y-Richtung
$\Delta V_x, \Delta V_y$	mm	Lageabweichung der Anschlußdrähte durch Verbiegen in x-, y-Richtung
γ	°	Neigungswinkel der Einführschräge
σ	N/mm^2	Spannung
σ_s	N/mm^2	Streckgrenze
φ	°	Winkel zwischen Sensor- und Bestückroboterkoordinatensystem
ω	°	Drehwinkel

Indizes

B	Bestückroboter
Cu	Kupfer
el	elastisch
f	f-te Funktion (Hilfs- oder Bestückfunktion)
G	schwimmender Teil des Greifers
i, j, k	i-, j-, k-ter Anschlußdraht
ist	Ist
LP	Leiterplatte
max	maximal
min	minimal
pl	plastisch
R	Referenzdraht
S	Sensor
x, y, z	x-, y-, z-Richtung

1   <u>Einleitung</u>

1.1   <u>Problemstellung</u>

Die Branche Elektrotechnik zeichnet sich im Vergleich zu
anderen Branchen durch den höchsten Anteil der Montagekosten
an den Herstellkosten ihrer Produkte aus. In einer branchen-
übergreifenden Studie zur Untersuchung von Einsatzmöglichkeiten von flexibel automatisierten Montagesystemen /1/ wird
dieser Anteil mit 28 % angegeben.
Mit 19,5 % weist die Branche auch das höchste Einsparungspo-
tential durch Automatisierung auf /2/.
Eine Sonderstellung nimmt dabei die Leiterplattenbestückung
ein. Sie ist besonders arbeitsintensiv und beinhaltet sehr
viele Montagevorgänge aufgrund der hohen Teilezahl. Dies
führt zu hohen Fehlerraten bei der manuellen Bestückung.
Die Leiterplattenbestückung ist gekennzeichnet durch kurze
Zykluszeiten von 5 - 9 s pro Bauelement /3/ und durch einsei-
tig dynamische Arbeit des Finger-Hand-Systems /1/.
Manuelles Löten von Bauelementen, die nicht für das Wellenlöten geeignet sind, führt zu hoher Belastung durch Lötdämpfe.
Sowohl die höhere Wirtschaftlichkeit und Qualität als auch
die Humanisierung der Montagetätigkeit erfordern eine Automatisierung dieser Fertigung.
Wegen der geringen Abmessungen der Teile, der standardi-
sierten Formen und der deswegen kostengünstigen Zuführsysteme
erscheint mittelfristig eine vollständige Automatisierung der
Leiterplattenbestückung realisierbar.
In den letzten Jahren wurde durch den Einsatz von Bestückautomaten für Standardbauelemente ein hoher Automatisierungsgrad erreicht /4/. Aufgrund der hohen Ausbringung und der
beschränkten Flexibilität sind konventionelle Bestückautomaten jedoch für Standardbauelemente mit geringen Jahresstückzahlen und für Sonderbauelemente nicht geeignet.

Zur Lösung dieser Probleme wurden in den letzten Jahren in
der Großserienfertigung immer mehr Montageroboter eingesetzt.
Das Konzept dieser Bestücksysteme war nur auf bestimmte
Bauelementtypen abgestimmt. Universell anwendbare Konzepte
für flexible Systeme sind kaum vorhanden.
Ein automatisches Fügen wird häufig verhindert durch die
nicht ausreichende Relativpositionierung von Leiterplatte und
Bauelement, verursacht durch hohe Toleranzen der Bauelemente
und der Leiterplatten sowie Toleranzen im Bestücksystem, die
zu Positionierfehlern führen. Es fehlen praxisgerechte
Systemlösungen und Komponenten für flexible Bestücksysteme
mit einem großen Bauelementespektrum. Neben dem Mangel an
praxisreifen universellen Techniken zur automatischen
Bestückung von Sonderbauelementen mit vielfältigen Bauformen
besteht derzeit auch ein Mangel an grundlegenden Erkenntnissen über Fügeverfahren, die eine flexible Bestückung zulassen. In Ausnahmefällen müssen Bauelemente nach dem Bestücken
einzeln gelötet werden. Derzeit sind keine Lösungen bekannt,
die eine Anwendung von Bestückrobotern auch zum Löten
zulassen.

1.2   Zielsetzung

Es ist Ziel dieser Arbeit, den Wissensstand über die Problemstellung "Bestücken von Sonderbauelementen" und die entsprechenden Anforderungen an flexible, automatisierte Systeme zu
erhöhen. Dem Problemfeld sollen unterschiedliche, mittelfristig einsetzbare Verfahren für das Fügen gegenübergestellt
werden. Eine problemspezifische Auswahl von Verfahren für das
Bestücken soll ermöglicht werden.
Über Gesamtkonzepte, die sich mit ausgewählten, besonders
flexibel und wirtschaftlich anwendbaren Verfahren realisieren
lassen, soll eine Wissensbasis geschaffen werden.

Die erarbeiteten Gesamtkonzepte dürfen nicht auf ein spezifisches Problem ausgerichtet sein, sondern sollen einen breiten Anwendungsbereich überdecken.

Diese Wissensbasis soll neben wesentlichen Betriebskennwerten und Betriebserfahrungen auch konstruktive Lösungen für Roboterwerkzeuge und Peripheriekomponenten umfassen, um so einen Beitrag zur raschen und erfolgreichen Praxiseinführung zu leisten.

1.3   Vorgehensweise

Die Montageaufgabe "Bestücken von Sonderbauelementen", insbesondere der Fügevorgang, das Werkstückspektrum und die Toleranzen beim Fügen werden systematisch analysiert und Anforderungen an flexible Bestücksysteme abgeleitet. Dies schließt die Betrachtung des Standes der Technik und notwendige Begriffsbestimmungen ein.

Lösungskonzepte für Bestücksysteme können erst nach Festlegung von Verfahren zur Bauelementevorbereitung und für das Fügen erarbeitet werden. Dazu müssen zunächst entsprechende Verfahren entwickelt und bewertet werden.

Eine experimentelle Untersuchung ausgewählter Verfahren soll weitere Hinweise zur Verfahrensbestimmung geben. Danach werden Lösungskonzepte für flexible Bestücksysteme mit Industrierobotern entwickelt.

Zur Realisierung eines Bestücksystems als Versuchsträger ist die Entwicklung entsprechender Werkzeuge und Peripheriekomponenten erforderlich, da hier nicht auf marktgängige Systeme zurückgegriffen werden kann. Mit der realisierten Versuchsanlage werden ausgewählte Verfahren und Konzepte erprobt. Aufbauend auf den Versuchsergebnissen werden Anforderungen an eine bestückungsgerechte Leiterplattengestaltung abgeleitet.

2   <u>Ausgangssituation</u>

2.1   <u>Begriffe und Definitionen</u>

In den internationalen Normen sind für den Bereich "Leiterplattenbestückung" fertigungstechnische Begriffe nur zum Teil
definiert.
Die Begriffe, die zum Verständnis der vorliegenden Arbeit
wichtig sind, werden nachfolgend erläutert und gegebenenfalls
definiert.

2.1.1   <u>Bauelementträger</u>

Die wichtigsten Träger von Bauelementen sind Leiterplatten.
"Eine Leiterplatte besteht aus einem auf Maß zugeschnittenen
Basismaterial, das mindestens ein Leiterbild trägt und alle
vorgesehenen Löcher enthält. Leiterplatten können starr oder
flexibel sein und mehrere Leiterbilder aufweisen.
Eine Leiterplatte mit mehr als 2 Leiterbildern wird als Mehr-
lagen-Leiterplatte bezeichnet" /5/.
Aufgabe der Leiterplatte ist es, die Bauelemente durch die
Anschlußlöcher zu positionieren, mechanisch zu halten und
gleichzeitig elektrisch miteinander zu verbinden.
Bei oberflächenmontierbaren Bauelementen (engl.: Surface
Mounted Devices, SMD) können die Anschlußlöcher entfallen. In
der Literatur werden Anschlußlöcher meist als Bestückbohrungen bezeichnet. Dieser Begriff wird auch nachfolgend
verwendet.

2.1.2   <u>Bauelemente</u>

Ein Bauteil für gedruckte Schaltungen, nachfolgend als

Bauelement bezeichnet, ist ein Körper (einschließlich seiner Befestigungsmittel), der direkt und für sich allein auf der Leiterplatte montiert ist /6/.

2.1.2.1 Bedrahtete Bauelemente

Entsprechend der Montagetechnik wird zwischen oberflächenmontierbaren (SMD) und bedrahteten Bauelementen unterschieden (Bild 2.1).

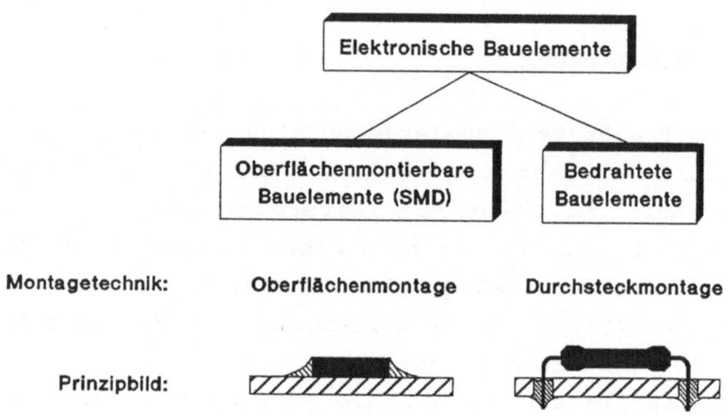

Bild 2.1: Unterscheidung von Bauelementen für gedruckte Schaltungen

SMD-Bauelemente werden zukünftig noch stark an Bedeutung gewinnen, längerfristig ist jedoch nicht mit einer völligen Substitution von bedrahteten Bauelementen zu rechnen /7/.
Die Anschlußdrähte der Bauelemente können eine unterschiedliche Konfiguration aufweisen (Bild 2.2). Die Konfiguration hat entscheidenden Einfluß auf die Bestückungstechnik.

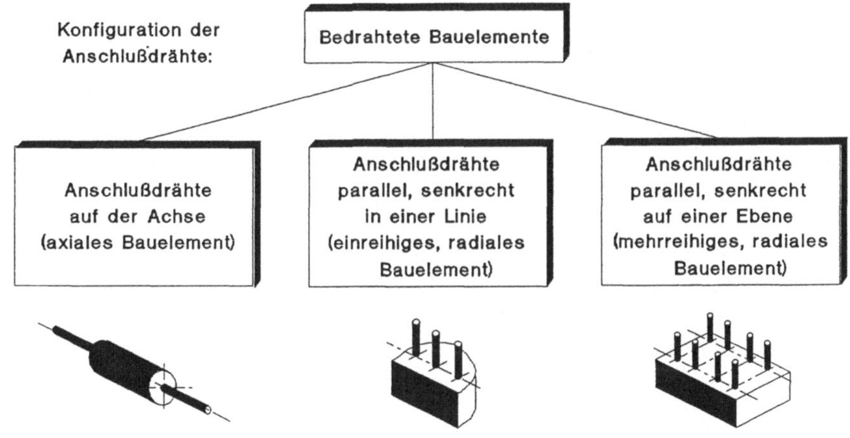

Bild 2.2: Fertigungstechnische Unterscheidung bedrahteter Bauelemente

2.1.2.2 Standardbauelemente

Standardbauelemente sind Bauelemente, die gezielt für eine automatische Bestückung auf Bestückautomaten standardisiert wurden. Die Standardisierung umfaßt dabei auch die Verpakkung der Bauelemente.

Bauelemente, die aufgrund der Geometrie, des Werkstoffs und des Anlieferungszustands auf Serienautomaten bestückbar sind, werden als Standardbauelemente bezeichnet.

Hierbei wird unterschieden zwischen

- axialen Bauelementen, die gegurtet an zwei Gurtbändern bereitgestellt werden /8/,
- radialen Bauelementen, die gegurtet an einem Gurtband bereitgestellt werden /9/ und

- DIP-Bauelementen (Dual-Inline-Packages) sowie
- SIP-Bauelementen (Single-Inline-Packages), die in Schachtmagazinen bereitgestellt werden.

2.1.2.3   Sonderbauelemente

Sonderbauelemente sind Bauelemente, die aufgrund ihrer
Geometrie, des Werkstoffs, der erforderlichen Fügetechnik und
des Anlieferungszustands nicht auf Serienautomaten bestückt
werden können.

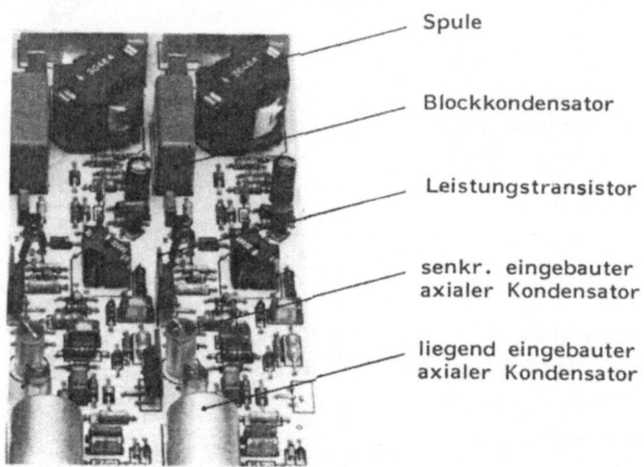

Bild 2.3: Leiterplatte mit typischen Sonderbauelementen

In der Literatur werden teilweise auch Standardbauelemente
als Sonderbauelemente bezeichnet, wenn sie aus wirtschaftlichen Gründen nicht auf Serienautomaten bestückt werden können
infolge

- zu kleiner Stückzahlen,

- zu geringer Losgrößen der Leiterplatten und
- einer zu geringen Zahl von Bauelementen des bestückbaren
  Bauelementetyps auf der Leiterplatte /10,11/.

Diese Erweiterung der Definition läßt jedoch keine firmen-
übergreifende klare Unterscheidung zwischen Standard- und
Sonderbauelementen zu und soll nachfolgend nicht berücksichtigt werden.
Zur Darstellung der Flexibilität von Bestücksystemen muß
zwischen Bauelementetypen und -varianten unterschieden
werden. Der Begriff Bauelementetyp bezieht sich auf den
Gehäusetyp (Gehäuseform, Material und Anzahl von Anschlußdrähten). Gleiche Typen können unterschiedliche Bauelementevarianten umfassen, die sich durch unterschiedliche Gehäuse-
größen ergeben. Dabei können gleiche Bauelementevarianten
unterschiedliche elektrische Funktionen aufweisen.

2.1.3   Der Bestückprozess

Bestücken ist die Montage aller elektrischen und mechanischen
Bauelemente auf einem Bauelementeträger. Als Bauelementeträger werden heute überwiegend Leiterplatten oder Keramik-
substrate verwendet. Nachfolgende Betrachtungen konzentrieren
sich auf das Bestücken von Leiterplatten. Bestücken umfaßt
eine Folge von Prozeßschritten, die notwendig sind, um eine
funktionsfähige Leiterplatte herzustellen.
Neben den eigentlichen Bestückprozessen, d.h. dem Einsetzen
der Bauelemente in die Leiterplatte, gehören hierzu auch das
Löten, Fertigmontieren und Testen.

2.1.3.1 Bestücktätigkeiten

Innerhalb eines Bestücksystems für Sonderbauelemente wird
eine Folge von Funktionen durchgeführt (Bild 2.4).
Abhängig von der Problemstellung und vom Konzept eines
Bestücksystems können beim Fügen und Vorbereiten einzelne
Funktionen parallel oder in beliebiger Reihenfolge durchge-
führt werden.

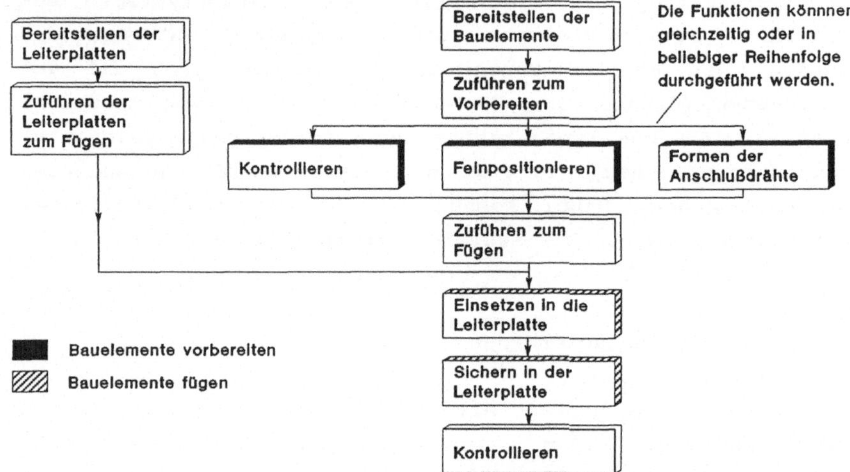

Bild 2.4: Funktionen innerhalb eines Bestücksystems für
Sonderbauelemente

Fügen ist das dauerhafte Verbinden von zwei oder mehr
geometrisch bestimmten Körpern, oder geometrisch bestimmter
Körper mit formlosem Stoff /12/.
Beim Bestücken in einem Bestücksystem kann das Fügen in zwei
Schritte unterteilt werden:

- Schritt I ist das Durchstecken der Anschlußdrähte durch
  die Leiterplatte,

- Schritt II ist das Befestigen des Bauelements auf der
  Leiterplatte durch Kleben, Löten oder Umbiegen der Anschlußdrähte.

Die endgültige Verbindung wird meist durch das Komplettlöten
/5/ in einem Arbeitsgang außerhalb der Bestücksysteme
durchgeführt.

<u>Bereitstellen</u> ist nach /13/ das Transportieren der Leiter-
platten, Bauelemente und Hilfsstoffe aus vorgelagerten
Produktionsbereichen in das Bestücksystem und das Speichern
innerhalb der Systemgrenze in einer definierten Bereitstel-
lungsposition.

<u>Zuführen</u> ist das Bewegen der Fügeteile zwischen der Bereit-
stellungsposition, Vorbereitungsposition und Fügeposition
/13/.

<u>Vorbereiten</u>
Sonderbauelemente können häufig nicht direkt gefügt werden.
Vorbereitungstätigkeiten wie

- Kontrollieren,
- Feinpositionieren zum anschließenden Fügen und
- Formen der Anschlußdrähte (Richten des Rastermaßes)

sind erforderlich. Tätigkeiten zum Bauelementvorbereiten sind
in beliebiger Reihenfolge durchführbar; zur Taktzeitminimie-
rung wird eine gleichzeitige Durchführung angestrebt.

2.1.3.2 <u>Fügen mit Mehrstellenkontakt</u>

Bei jedem Fügevorgang treten zwischen den zu fügenden Teilen

Kontaktstellen auf. Der Schwierigkeitsgrad des Fügevorgangs
ist von der Art und Anzahl der Kontaktstellen abhängig.
Mehrstellenkontakt erschwert ein automatisches Fügen /14/.
Zur Konkretisierung dieser Aussage soll zunächst der Begriff
"Mehrstellenkontakt" definiert werden.
Es müssen bei Mehrstellenkontakt drei Fälle unterschieden
werden (Bild 2.5).

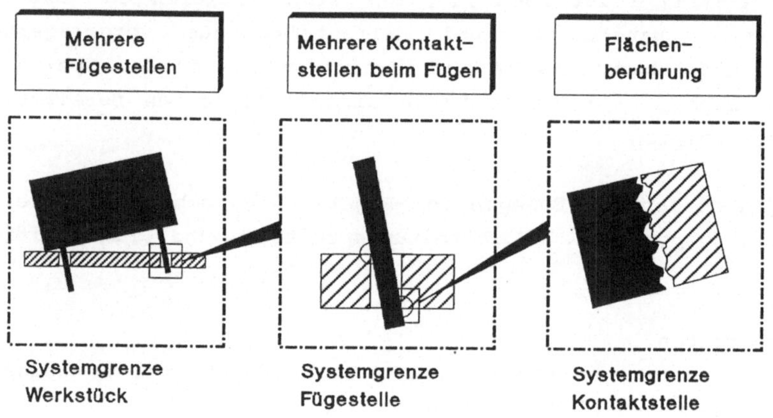

<u>Bild 2.5:</u> Mehrstellenkontakt beim Fügen

Der überwiegende Anteil aller Fügeoperationen beinhaltet
mehrere, voneinander abhängige Kontaktstellen, die einen
Mehrstellenkontakt herbeiführen /15/.
Bei einer fügetechnischen Betrachtung kann von "Mehrstellen-
kontakt" nur bei mehreren Fügestellen an einem Werkstück
gesprochen werden.
Beim Fügen von Sonderbauelementen tritt, im Gegensatz zur
Montage mechanischer Teile, ein Mehrstellenkontakt in diesem
Sinne immer auf. Der Fügevorgang kann sequentiell oder
simultan durchgeführt werden (Bild 2.6). Sequentielles Fügen

bedingt unterschiedliche Längen der Anschlußdrähte.

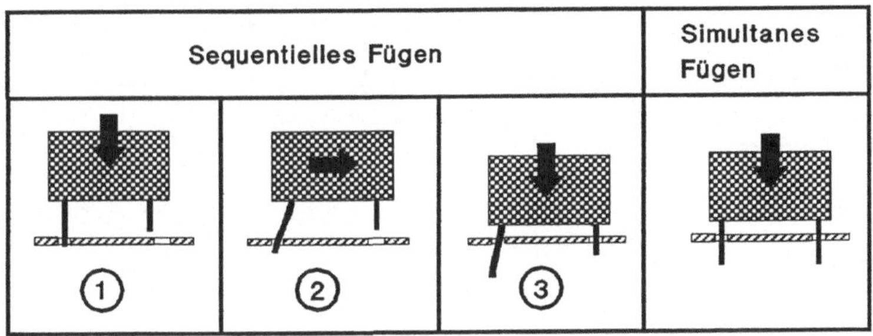

Bild 2.6: Mögliche Ablauffolgen beim Fügen mit Mehrstellenkontakt

2.2 Stand der Technik

2.2.1 Sonderbauelementbestückung im Gesamtbestückprozeß

Die Sonderbauelementbestückung erfolgt vor und nach dem
Wellenlöten. Viele Sonderbauelemente können aufgrund

- ihres Aufbaus,
- ihrer Empfindlichkeit gegenüber Flußmitteln oder Reini-
  gungsmitteln,
- der Anordnung auf der Leiterplatte

oder anderer Randbedingungen erst nach der Komplettlötung der
Leiterplatte bestückt werden.
Das Befestigen dieser Bauelemente erfolgt dann durch Einzellöten. In der Literatur wurde bisher nur das Bestücken vor
dem Wellenlöten betrachtet /10, 16, 11, 17/.

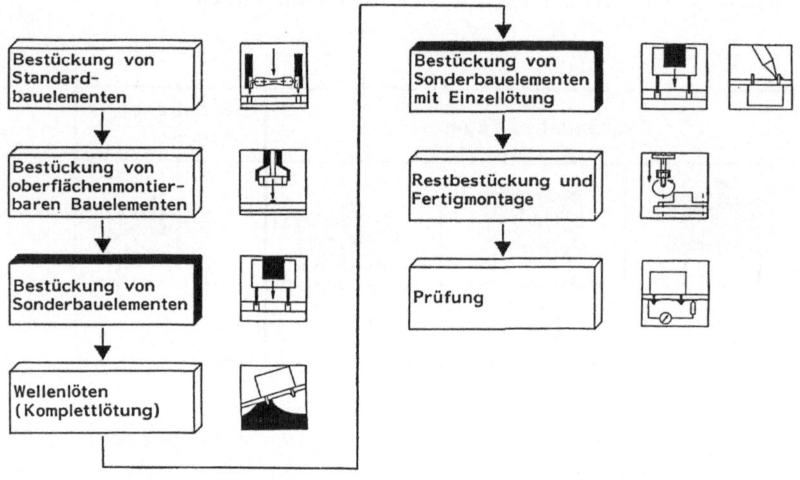

Bild 2.7: Prozeßschritte beim Leiterplattenbestücken

2.2.2   Anwendung von Bestückrobotern

"Industrieroboter sind universell einsetzbare Automaten mit mehreren Achsen, deren Bewegungsmöglichkeiten im allgemeinen durch einen oder mehrere Arme realisiert werden und die am Ende mit weiteren Gelenken (Nebenachsen) ausgerüstet sein können. Ihre Bewegungen müssen hinsichtlich Bewegungsfolge, Wegen und Winkel ohne mechanischen Eingriff in die Steuerung programmierbar sein; sie können sensorgeführt sein. Industrieroboter sind mit Greifern, Werkzeugen, Meßmitteln oder anderen Fertigungsmitteln ausrüstbar und können Handhabungs- und/oder andere Fertigungsaufgaben durchführen" /18/. Industrieroboter, die den Mindestanforderungen für das Bestücken genügen (Bild 2.8), werden nachfolgend als Bestückroboter bezeichnet.

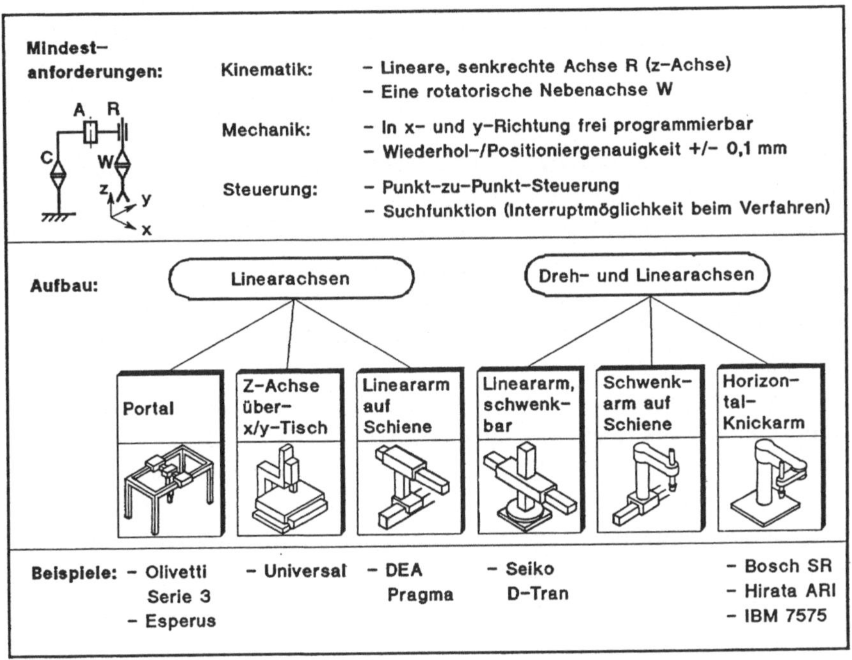

Bild 2.8: Mindestanforderungen, Aufbau und Beispiele für Bestückroboter

Viele Industrierobotersteuerungen erlauben eine Off-Line-Programmierung von Positionswerten.

Sensorschnittstellen für Bildverarbeitungssysteme sind teilweise vorhanden /19/.

Einige Roboterhersteller bieten bereits integrierte Bildverarbeitungssysteme an /20/.

Beim Bestücken werden alle Fügebewegungen in senkrechter Richtung durchgeführt. Eine Linearachse in z-Richtung ist deshalb eine Hauptanforderung.

Da die Bereitstellung der Bauelemente in einer Ebene mit der Leiterplatte angeordnet werden kann und die Bauelemente fast ausnahmslos parallel oder rechtwinklig zueinander angeordnet sind, muß die senkrechte lineare Achse und rotatorische Nebenachse nicht in allen Anwendungen frei programmierbar sein /21/.

Die Zahl der im Dezember 1986 in der Bundesrepublik Deutschland zur Bestückung von Sonderbauelementen und Standardbauelementen eingesetzten Bestückroboter wird auf ca. 70 geschätzt /22/. Alle installierten Bestückroboter führen nur eine Sonderbauelementebestückung vor dem Wellenlöten durch. Bestücksysteme für das Bestücken und Einzellöten sind nicht bekannt.

Die wichtigsten Einsatzbeispiele von Bestückrobotern als Fertigungsinsel und an Bestücklinien sind in Bild 2.9 zusammengestellt. Innerhalb der Branche Elektrotechnik finden Bestückroboter im Bereich Unterhaltungselektronik die Hauptanwendung, da hier hohe Jahresstückzahlen auftreten. Die Flexibilitätsanforderungen sind gering.

Aus den bekannten Einsatzfällen ergeben sich folgende Erkenntnisse:

- der überwiegende Anteil von Bestückrobotern arbeitet an Fertigungslinien,
- die Anzahl von bestückten Bauelementen pro Bestückroboter beträgt durchschnittlich 7,
- die Anzahl unterschiedlicher Bauelementetypen pro Bestückroboter ist durchschnittlich 3,5,
- der Anteil an Sonderbauelementen an den insgesamt bestückten Bauelementen beträgt 60 %,
- 80 % der Bauelemente werden an den Anschlußdrähten gegriffen. Die verwendete einfache Sensortechnik ist hier ausreichend,
- die durchschnittliche Umrüsthäufigkeit liegt bei 1,5 pro Tag,
- die Verfügbarkeit und Bestückungsqualität bei der Greif-

technik "Greifen am Bauelementkörper" ist relativ gering aufgrund häufiger Störungen durch Fehlbestückung,
- für Sonderbauelemente, die nicht an den Anschlußdrähten gegriffen werden können, sind nur wenige Bestückroboter eingesetzt.

Unterscheidungs-merkmal / Firma, Werk	Fertigungssystem	Anzahl Bestückroboter	Durchschn. Bestück-rate pro Station in BE/h	Durchschn. Anzahl der bestückten BE pro Station	Durchschn. Anzahl von BE-Typen pro Station	Gesamtzahl bestückter Sonderbauelementetypen	Angewandte Greiftechnik	Verfügbarkeit des Gesamtsystems	Umrüsthäufigkeit in 1/Tag
Graetz, Bochum	FL	7	860	5	2	30	BK	75%	–
Graetz, Bochum	FL	6	720	6	4 bis 5	19	AD	90%	–
Grundig	FL	7	900	6	5	37	AD	75%	–
Blaupunkt, Salzgitter	FL	4	650	4	2	17	AD/BK	85%	10 *
Triumph-Adler, Würzburg	FL	9	750	4	3	21	AD	80%	2 *
Siemens, Witten	FI	2	720	23	4	4	AD/BK	70%	13 *
CTM, Konstanz	FI	1	900	21	4	12	AD	80%	4 *

BE...Bauelemente	BK...Greifen am Bauelementkörper
FL...Fertigungslinie	AD...Greifen an den Anschlußdrähten
FI...Fertigungsinsel	*...Nur Bestückprogrammwechsel

Bild 2.9: Anwendungsbeispiele von Bestückrobotern innerhalb der Bundesrepublik Deutschland (Stand: 31.12.1986)

2.2.3 Fügen mit Bestückrobotern

Der Schwerpunkt der Forschungs- und Entwicklungsarbeiten auf dem Gebiet des Fügens lag bisher bei mechanischen Teilen ohne Mehrstellenkontakt aufgrund mehrerer Fügestellen /14/.

Die klassische Zielsetzung bisheriger Arbeiten galt dem
Bolzen-Loch-Problem. Das Ergebnis war der Einsatz von
taktilen Sensoren, Bildverarbeitungssystemen und passiven
Fügehilfen /23, 24/.
Passive Fügehilfen in Form elastischer Greiferaufhängungen
finden heute breite Anwendung in der industriellen Praxis;
sie ermöglichen kurze Taktzeiten. Die erforderlichen Einführschrägen an den Fügeteilen wurden durch Maßnahmen zur
montagegerechten Produktgestaltung realisiert.
Die aus bisher bekannt gewordenen Forschungsarbeiten ableit-
baren Erkenntnisse können nur auf

- mechanische, beim Fügen nicht verformbare Teile und
- Mehrstellenkontakt durch mehrere Kontaktstellen an einer
  Fügestelle.

bezogen werden. Sie sind nicht übertragbar auf das Fügen
elektronischer Bauelemente, die leicht verformbar sind
(Anschlußdrähte) und wo Mehrstellenkontakt durch mehrere
Fügestellen auftritt.
Pilotanwendungen, bei denen Bildverarbeitungssysteme eingesetzt werden, um Positionsabweichungen der Anschlußdrähte und
Bestückbohrungen zu erfassen, arbeiten im Laborbetrieb
erfolgreich. Die Lösungsansätze verschiedener Hersteller sind
problembezogen und weichen erheblich voneinander ab.
Eine allgemeine, übergeordnete Betrachtung liegt noch nicht
vor. Über die Anwendbarkeit verschiedener Fügemethoden auf
die unterschiedlichen Problemstellungen bei der Sonderbauelementbestückung liegen ebenfalls noch kaum Erkenntnisse vor.

3   <u>Analyse der Montageaufgabe</u>

3.1   <u>Der Fügevorgang beim Bestücken von Sonderbauele-
        menten</u>

Mehrstellenkontakt durch Linienberührung tritt bei sämtlichen
Fügevorgängen auf. Der Fall "mehrere Kontaktstellen beim
Fügen", der sehr häufig bei der Montage mechanischer Teile
auftritt, kann beim Bestücken ausgeschlossen werden. Für eine
typische Fügegeometrie (d = 0,8; LD = 2,0; D = 1,0) müßte mit
einem Kippwinkel von α = 5,6° gefügt werden (Bild 3.1). Beim
Bestücken ist bei gestuften Längen der Anschlußdrähte
sequentielles Fügen möglich (Bild 2.6). Gestufte Drahtlängen
sind nur bei Bauelementen mit maximal 2 bis 3 Anschlußdrähten
realisierbar. Simultanes Fügen dagegen erfordert geringe
Rastermaßtoleranzen am Bauelement und auf der Leiterplatte.

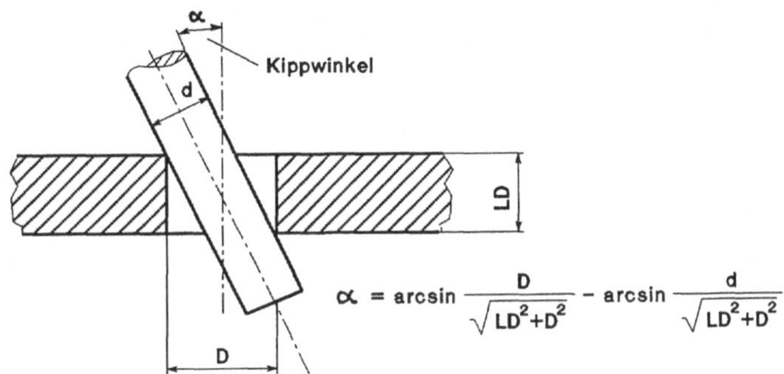

<u>Bild 3.1:</u> Maximaler Kippwinkel beim Fügen eines Anschluß-
        drahtes

3.2   <u>Werkstückspektrum</u>

Zur Beschreibung der Aufgabenstellung beim Bestücken muß das
infrage kommende Werkstückspektrum hinsichtlich Bauelement-

geometrie, Bauelementmasse und Geometrie der Fügestelle analysiert werden. Hierzu wurde ein Leiterplattenspektrum untersucht, welches proportional zur Grundgesamtheit nach folgenden Kriterien zusammengestellt wurde:

- Produktbereich (z.B. Unterhaltungselektronik),
- Betriebsgröße und
- Technologieniveau.

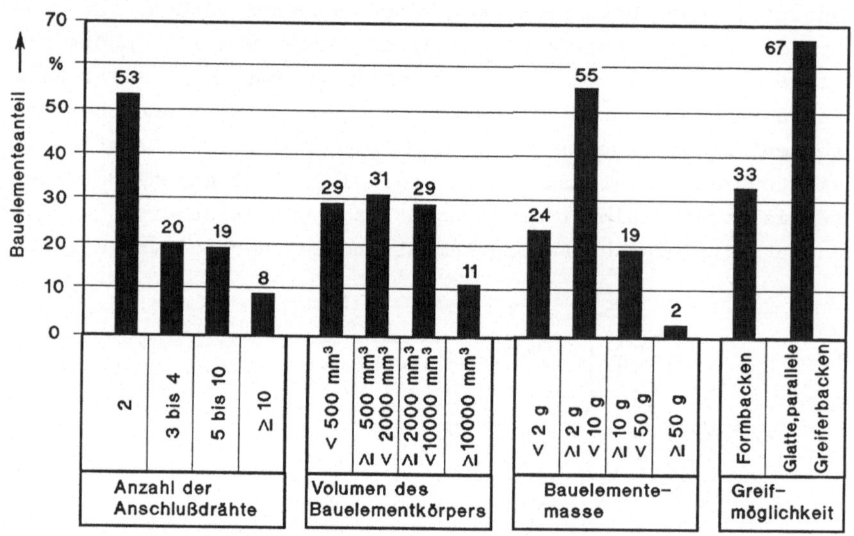

<u>Bild 3.2:</u> Geometrie und Masse von Bauelementen (Stichprobe: 292 Bauelemente)

Die Repräsentativität der Stichprobe kann hierdurch in einem hohen Maße gewährleistet werden. Insgesamt wurden 40 Leiterplatten von 24 Herstellern untersucht. Die Mehrzahl der Sonderbauelemente hat 2 bis 4 Anschlußdrähte und kann infolge glatter, paralleler Greifflächen mit einem Parallelbackengreifer gegriffen werden (Bild 3.2). Die Bauelementmasse und das Volumen des Bauelementkörpers variiert jedoch sehr stark zwischen 0,001 kg und 0,2 kg bzw. zwischen 0,01 cm^3 und 100 cm^3.

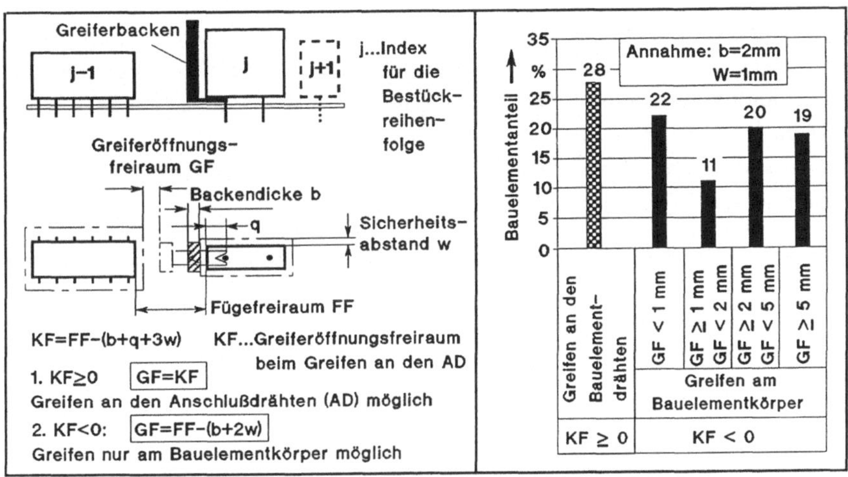

<u>Bild 3.3:</u> Greiferöffnungsfreiraum bei Sonderbauelementen

Entscheidend für die Fügemethode ist der vorhandene Fügefrei-raum für ein Bauelement auf der Leiterplatte. Das Greifen an den Anschlußdrähten erfordert einen Mindestfügefreiraum abhängig von der Bauelementgeometrie, der Bauelementeanord-nung auf der Leiterplatte und der Reihenfolge der Bestückung. Bei der durchgeführten Analyse wurde die Reihenfolge so festgelegt, daß die Summe der Fügefreiräume pro Bauelement maximal wird. Aus den Analyseergebnissen (Bild 3.3) geht hervor, daß das Greifen an den Bauelementdrähten nur bei 28 % der Bauelemente möglich ist (KF $\geq$ 0). Auch bei Sonder-bauelementen, die am Bauelementkörper gegriffen werden, ist der Greiferöffnungsfreiraum beschränkt. Bei 33 % dieser Bauelemente ist er kleiner als 2 mm.

3.3   Toleranzbetrachtung für das Fügen

3.3.1   Toleranzkette

Bei Systemen mit Bestückrobotern müssen neben Toleranzen der Fügeteile (Bauelemente und Leiterplatte) auch Toleranzen in den Handhabungs- und Transportsystemen, die zu Positionierabweichungen führen, berücksichtigt werden.
Es ergibt sich eine Toleranzkette bei der sich alle Toleranzen und Abweichungen addieren (Bild 3.4).

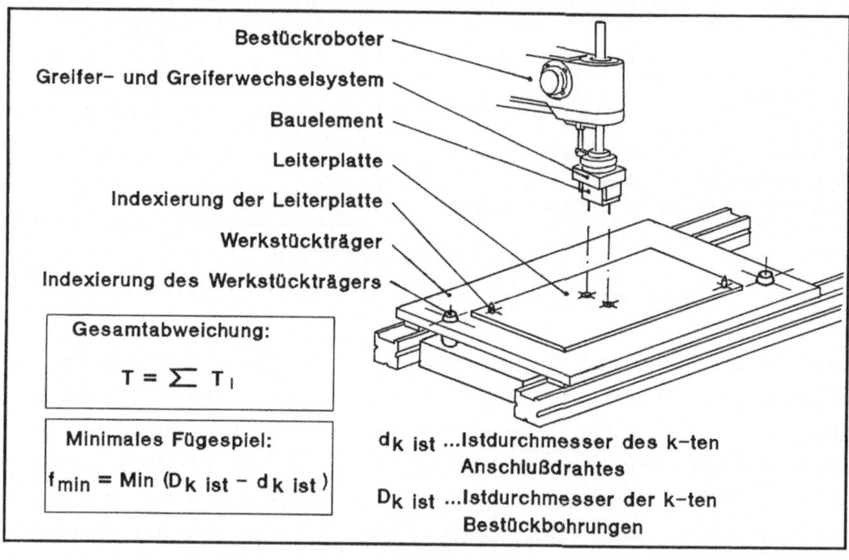

Bild 3.4: Toleranzkette und Gesamtabweichung beim Bestücken von Sonderbauelementen

Der Gesamtabweichung innerhalb der Toleranzkette steht das minimale Fügespiel (f_{min}) an einem der Anschlußdrähte gegenüber.

3.3.2 Werkstücktoleranzen

Werkstücktoleranzen ergeben sich durch Maßabweichungen (Position und Durchmesser) der Bohrungen in der Leiterplatte und der Bauelementdrähte.

3.3.2.1 Bauelementtoleranzen

Die Maßabweichungen der Anschlußdrähte werden anhand des Bauelementtyps Blockkondensator, der innerhalb der Stichprobe mit 38 % den größten Anteil der Sonderbauelemente repräsentiert, untersucht. Maßabweichungen an den Anschlußdrähten ergeben sich durch Fertigungsungenauigkeiten und eine zusätzliche Verbiegung beim Transport, bei der Zuführung und der Bereitstellung. Im Hinblick auf die Möglichkeit, die Verbiegung durch einen Richtvorgang zu reduzieren, müssen sowohl die Maßabweichungen am Bauelementkörper als auch zusätzliche Maßabweichungen durch Verbiegung untersucht werden (Bild 3.5).
Entscheidend beim simultanen Fügen mit mehreren Fügestellen ist die Genauigkeit des Rastermaßes. Abweichungen müssen durch mechanisches Richten ausgeglichen werden. Eine Stichprobe von 5 Typen von Blockkondensatoren mit je 400 Bauelementen ergab eine Normalverteilung der Rastermaßabweichungen am Bauelementkörper. Auch die zusätzlichen Rastermaßabweichungen durch das Verbiegen der Anschlußdrähte sind normalverteilt (Bild 3.6).
Um bei der Stichprobenuntersuchung das Verbiegen der Anschlußdrähte durch Transport und Handhabung abzuschätzen, wurde ein Blockkondensatortyp in gegurtetem Anlieferungszustand untersucht. Zur Vereinfachung der umfangreichen Messungen wurde nur die Lageabweichung der Anschlußdrähte in y-Richtung (längs des Bauelementkörpers) gemessen.
Die Messungen machen deutlich, daß sich die Rastermaßabweichung bei einer Bereitstellung von Sonderbauelementen in

Flachmagazinen, als Schüttgut und in Schachtmagazinen, erhöht.

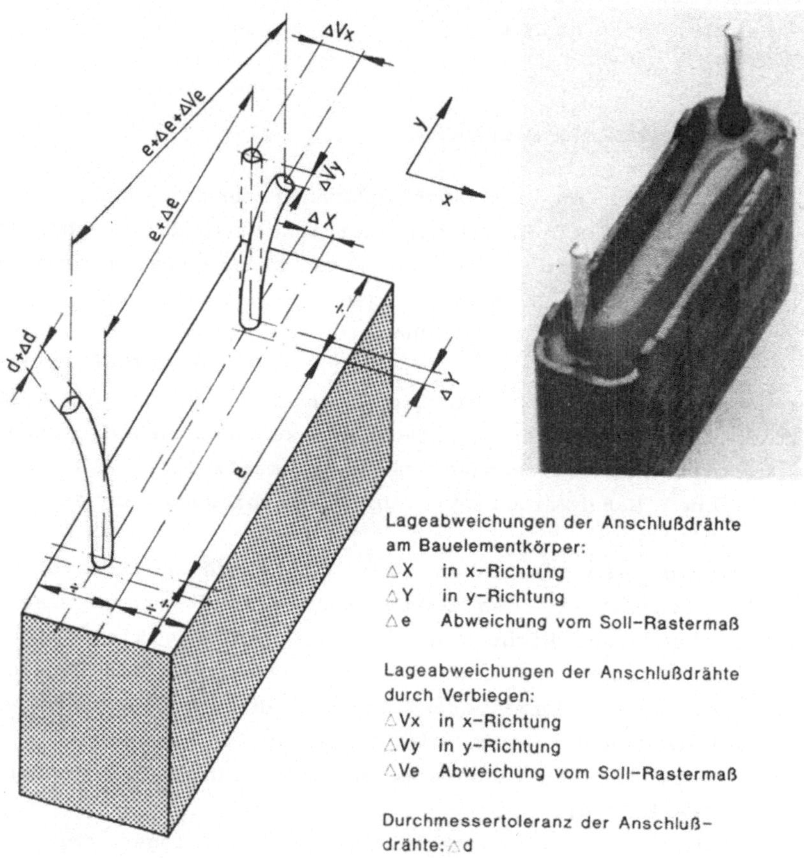

Lageabweichungen der Anschlußdrähte
am Bauelementkörper:
△X   in x-Richtung
△Y   in y-Richtung
△e   Abweichung vom Soll-Rastermaß

Lageabweichungen der Anschlußdrähte
durch Verbiegen:
△Vx   in x-Richtung
△Vy   in y-Richtung
△Ve   Abweichung vom Soll-Rastermaß

Durchmessertoleranz der Anschlußdrähte:△d

Bild 3.5: Maßabweichungen an Bauelementen

An der gleichen Stichprobe wurden auch die Lageabweichungen der Anschlußdrähte am Bauelementkörper untersucht.
50 % der Bauelemente hatten Lageabweichungen der Anschluß-
drähte am Bauelementkörper von mehr als 0,15 mm (Bild 3.6).

Neben der Rastermaßabweichung muß beim Fügen auch die zusätzliche Lageabweichung der Bauelementspitzen durch Verbiegen berücksichtigt werden.
Die Durchmesserabweichungen der Anschlußdrähte waren innerhalb der Stichprobe relativ gering. In der Praxis werden Bauelemente mit gleichen elektrischen Eigenschaften jedoch häufig von mehreren Herstellern bezogen. Hierbei wurden Durchmesserunterschiede von ± 0,1 mm festgestellt.

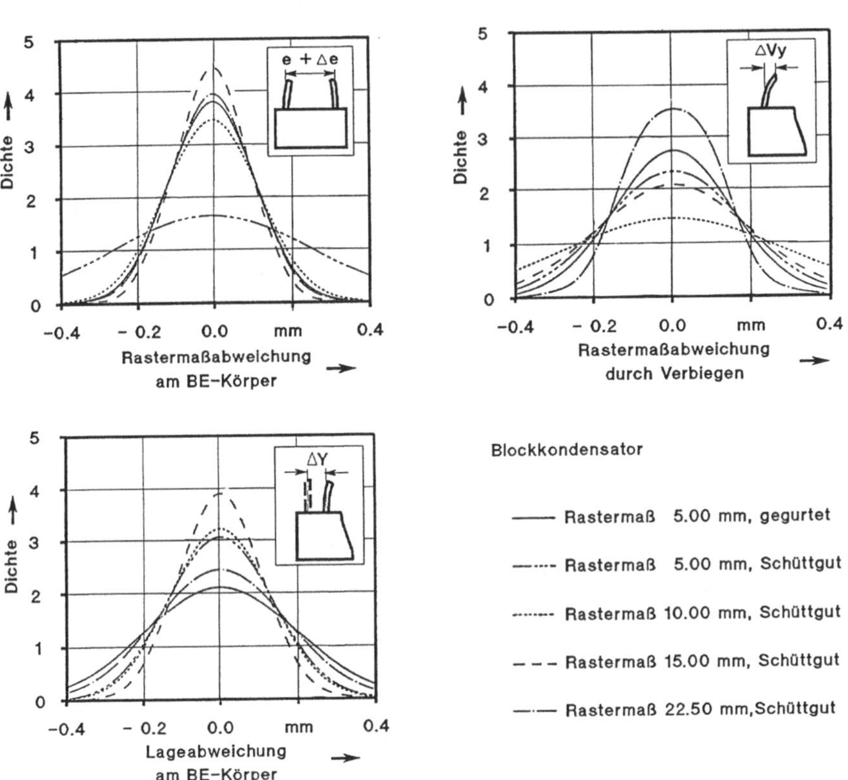

Bild 3.6: Häufigkeit von Maßabweichungen an Bauelementen (Stichprobenumfang: je 200 Bauelemente)

3.3.2.2 Leiterplattentoleranzen

Die Maßabweichungen der Leiterplatten, die auf das Fügen
Einfluß haben, sind Durchmesser- und Lageabweichungen von
Indexier- und Bestückbohrungen. Abhängig von Werkstoff und
Jahresstückzahl werden unterschiedliche Fertigungsverfahren
angewendet /25/. Eine automatische Bestückung erfordert sehr
genaue Fertigungsverfahren für die Bestück- und Indexier-
bohrungen. Prinzipiell muß zwischen gelochten ("gestanzten")
und gebohrten Leiterplatten unterschieden werden, die große
Unterschiede in der Maßhaltigkeit aufweisen (Bild 3.7).
Zusätzlich müssen bei den Bestückbohrungen Lagetoleranzen
infolge der Dehnung der Leiterplatten bei Änderung von
Temperatur und Luftfeuchtigkeit berücksichtigt werden.

Fertigungsverfahren	Stanzen	Bohren
Leiterplattenmaterial	Papier–Phenol–Laminate	Glasfaser–Epoxy–Laminate
Anwendung	Leiterplatten ohne Durchkon-taktierung (Unterhaltungselekt.)	Hochwertige Leiterplatten mit Durchkontaktierung
Durchmesserabweich.: Indexierbohrungen Bestückbohrungen	+/- 0,02 mm +/- 0,02 mm	+/- 0,05 mm +/- 0,1 mm
Lageabweichungen: Indexierbohrungen Bestückbohrungen	+/- 0,05 mm +/- 0,05 mm	+/- 0,1 mm +/- 0,1 mm
Verteilung der o.a. Abweichungen	Alle Abweichungen konstant bei Verwendung eines Stanz-werkzeugs u. Stanzen aller Bohrungen in einem Schritt	Normalverteilung
Lageabweichung durch Dehnung der Leiterplatte (Temperatureinfluß)	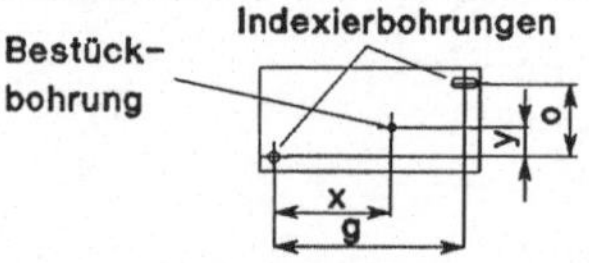 Bestück-bohrung Indexierbohrungen	$\Delta x = x * c * \Delta\vartheta$ $\Delta y = (o-y) * x / g * c * \Delta\vartheta$ c...Wärmedehnungskoeffizient

Bild 3.7: Lageabweichungen von Leiterplattenbohrungen bei
verschiedenen Fertigungsverfahren

3.3.3 Toleranzen im Bestücksystem

Innerhalb der Toleranzkette beim Bestücken nehmen die Komponenten des Bestücksystems einen wesentlichen Anteil ein (Bild 3.4). Die Positionsabweichungen innerhalb der einzelnen Komponenten sind von vielen Faktoren (z.B. Geräteauswahl, Ausführung, Betriebsart) abhängig.
In Bild 3.8 sind Erfahrungswerte für mögliche Abweichungen dargestellt. Sie müssen bei der Konzeption von Bestücksystemen unbedingt berücksichtigt werden.

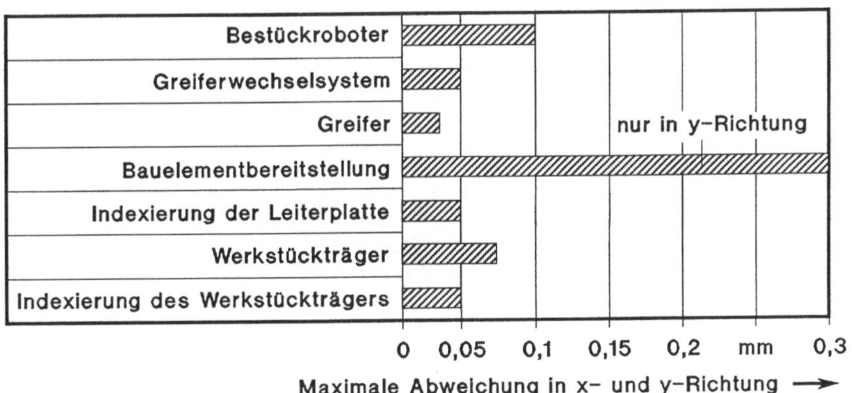

Bild 3.8: Positionsabweichungen in Bestücksystemen

3.4 Geometrie der Fügepartner

Entscheidend für die Störhäufigkeit von Bestücksystemen ist die Geometrie der Fügepartner /26/. Die Geometrie der Fügestelle wird durch die Drahtenden der Bauelemente und Lochkanten der Bestückbohrungen bestimmt. Sie kann aus Zeichnungen und Datenblättern nicht entnommen werden.
Zur genauen Untersuchung von Einführschrägen und Bohrungsdurchmessern bei Leiterplatten wurden deshalb Rasterelektro-

nenmikroskopaufnahmen angefertigt. Die Aufnahmen von Anschlußdrähten unterschiedlicher Sonderbauelemente zeigen, daß mit einer sehr unregelmäßigen Geometrie der Drahtenden gerechnet werden muß. Bild 3.9 zeigt einige typische Beispiele. Während die Einführschrägen an den Anschlußdrähten einer Steckerleiste das Fügen unterstützen, muß beim Fügen des dargestellten Blockkondensators ein Berühren mit der Leiterplatte vermieden werden, da sonst Anschlußdrähte gestaucht werden können.

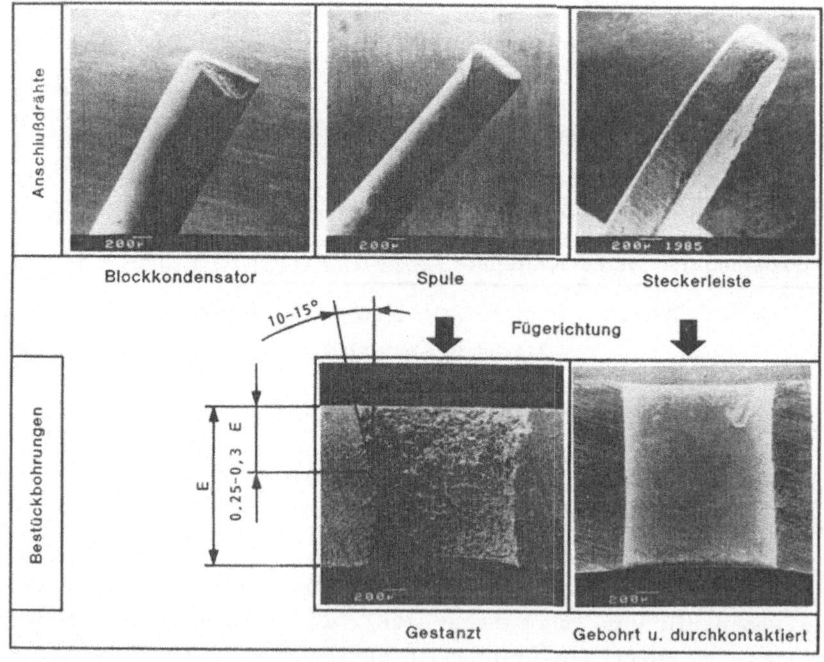

<u>Bild 3.9:</u> Rasterelektronenmikroskopaufnahmen unterschiedlicher Anschlußdrähte und Bestückbohrungen

Bei der Betrachtung der Geometrie der Bestückbohrungen muß zwischen gestanzten und gebohrten Leiterplatten unterschieden werden (siehe auch 3.3.2.2). Während bei gebohrten Leiterplatten von nahezu zylindrischen Bestückbohrungen ausgegangen werden kann, weisen gestanzte Leiterplatten Einführschrägen im Bereich von 10° - 15° auf (Bild 3.9). Die Tiefe der Einführschrägen hängt vom Schnittspiel und vom Verschleißzustand des Schnittwerkzeuges ab /25/.

3.5 <u>Folgerungen aus den Analyseergebnissen</u>

Die Betrachtung der Fügegeometrie zeigt, daß der Fall "mehrere Kontaktstellen beim Fügen" ausgeschlossen werden kann, dagegen aber Mehrstellenkontakt aufgrund "mehrerer Fügestellen" immer auftritt und ein simultanes Fügen erforderlich macht, wobei 47 % aller Sonderbauelemente mehr als zwei Fügestellen (Anschlußdrähte) aufweisen.
Aufgrund eines zu geringen Greiferöffnungsfreiraumes müssen 72 % aller Sonderbauelemente am Bauelementkörper gegriffen werden. Im Gegensatz zum Greifen an den Bauelementdrähten müssen dabei in der Toleranzkette auch Bauelementtoleranzen und Abweichungen in der Bauelementebereitstellung berücksichtigt werden /27/. Hierdurch wird die maximale Gesamtabweichung auf 1,0 mm erhöht. Dem steht ein Fügespiel von weniger als 0,2 mm gegenüber /16/.
Die Geometrie der Fügestelle und die leichte Verformbarkeit der Anschlußdrähte läßt einen "passiven" Toleranzausgleich, wie er bei der Montage mechanischer Teile durchgeführt wird, nur in sehr geringem Maße zu.
Diese Problemstellung, die in flexiblen Bestücksystemen beim Greifen von Sonderbauelementen am Bauelementkörper auftritt, erfordert die Entwicklung geeigneter Verfahren für das Vorbereiten und Fügen, bei denen große Abweichungen ausgeglichen werden können.

4   **Anforderungen an flexible Systeme mit Bestück-**
         robotern für Sonderbauelemente

4.1   **Aufgaben eines Bestücksystems**

4.1.1   **Systemgrenzen und Systemfunktionen**

In der Fertigungshierarchie kann eine Bestückstation als
Fertigungssystem erster Ordnung angesehen werden /28/.
Die Systemgrenzen ergeben sich durch den Übergang vom Fördern
zum Handhaben /18/.
Die Eingangsgrößen des Systems sind:

- Leiterplatten,
- Bauelemente,
- Hilfs- und Betriebsstoffe,
- Energie und Informationen.

Ausgangsgrößen sind (teil-)bestückte Leiterplatten und
Informationen über den

- Fertigungszustand der Produkte sowie den
- Systembetriebszustand.

Aus der Definition des Bestückprozesses und der Bestücktätig-
keiten, der Analyse der Montageaufgabe und der Definition von
Teilfunktionen in einer Montagestation /18, 13/ lassen sich
die Teilfunktionen eines Bestücksystems ableiten (Bild 4.1).
Die Zusammenstellung der Teilfunktionen ist eine wesentliche
Basis für eine morphologische Vorgehensweise bei der Entwicklung von Verfahren und dem Konzipieren von Bestücksystemen.

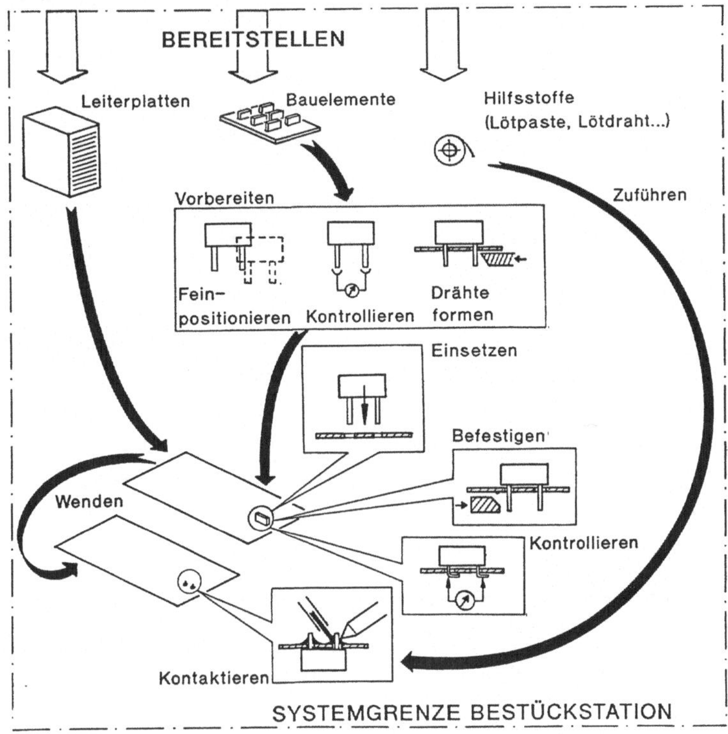

Bild 4.1: Systemdarstellung mit den Teilfunktionen eines Bestücksystems mit Einzellöten

4.1.2 Teilsysteme

Aus den erforderlichen Teilfunktionen einer Bestückstation (Bild 4.1) lassen sich die Teilsysteme ableiten:

- Fördersysteme (Bereitstellen),
- Handhabungssysteme (Zuführen),
- Systeme zum Vorbereiten und
- Fügesysteme.

Weitere Teilsysteme sind zur Realisierung von Hilfsfunktionen /13/ erforderlich. Berücksichtigt werden:

- Steuerungssysteme und
- Übertragungssysteme für Energie und Informationen.

4.2 Anforderungen an das Gesamtsystem

Die Grundanforderungen an ein Bestücksystem ergeben sich vor allem aus den Analyseergebnissen sowie Entwicklungstendenzen in der Bauelemente- und Leiterplattentechnologie und produktionstechnischen Randbedingungen der Elektronikfertigung /22, 30, 31, 32/. Die Grundanforderungen (Bild 4.2) sind auf ein flexibles, universell anwendbares Bestücksystem ausgerichtet, welches eine wirtschaftliche Sonderbauelementbestückung erlaubt.

Grundanforderungen	

– Hohe Flexibilität: – 15 Bauelementtypen und
        – 10 Leiterplattentypen
        bestückbar, ohne manuelles Umrüsten
 – Bestückleistung: – > 500 Bauelemente/h einsetzen
        – > 1200 Anschlußdrähte/h einzellöten
 – Sicherstellung der Produktqualität
 – Verwendung marktgängiger, zum Bestücken geeigneter Montageroboter
 – Erweiterungsfähigkeit (Integration des Einzellötens, Kontrollfunktionen und mögliche Montagefunktionen)
 – Geringer Bedienungsaufwand, weitgehend automatische Fehlerbeseitigung
	Muß

– Inselbetrieb möglich (Genügend großer Puffer für Bauelemente und Leiterplatten in der Bestückstation) – Geringer Anteil an aufgabenspezifischen und typenunabhängigen Komponenten – Hohe Ausnutzung flexibler, programmierbarer Komponenten – Hohe Verfügbarkeit und Wirtschaftlichkeit – Möglichst komfortable "off-line" Programmierung	Wunsch

Bild 4.2: Grundanforderungen an ein flexibles Bestücksystem

4.3   Anforderungen an Teilsysteme

Zusätzlich zu den Grundanforderungen, die die Funktionen des Gesamtsystems betreffen, müssen für einzelne, in 4.1.2 definierte Teilsysteme Anforderungen weiter konkretisiert werden. Für das nachfolgende Konzipieren eines Bestücksystems und Entwickeln eines Greifersystems sind vor allem die Anforderungen an Systeme zur Bauelementzuführung und Vorbereitung, Fügesysteme und Steuerungssysteme notwendig. Um eine möglichst hohe Umbau- und Erweiterungsfähigkeit eines Bestücksystems zu erreichen, sollten die Teilsysteme weitgehend modular aufgebaut sein.

Das Fördersystem zum Bereitstellen der Leiterplatten, Bauelemente und Hilfsstoffe und zum Abtransportieren der bestückten Leiterplatten kann bei der Konzeption eines Bestücksystems nicht als frei wählbar betrachtet werden /13/. Es muß die Anforderungen aller Fertigungsstationen und des Gesamtmaterialflusses erfüllen.

Außer im Bereich Unterhaltungselektronik sind in der Leiterplattenbestückung automatische Bestücksysteme noch kaum verkettet. Es ist deshalb wichtig, aus der Konzeption des Bestücksystems Hinweise für die Wahl geeigneter Fördersysteme abzuleiten.

4.3.1   Systeme zum Zuführen und Vorbereiten von Bauelementen

Die Anforderungen, die hier aufgestellt werden, zielen auf eine möglichst weitgehende Ausnutzung der Bestückroboterfunktionen (Bild 4.3). Falls dies nicht für jede Funktion realisierbar ist, so soll die Funktion in der Nebenzeit des Bestückroboters durchgeführt werden.

Die geforderte Bereitstellung von mindestens zehn unterschiedlichen Bauelementetypen kann bei der Verwendung marktgängiger Systeme nicht wirtschaftlich realisiert werden.

Deshalb sind hier universellere und stärker modulare Systeme erforderlich.

Zwischen den Funktionen "Kontrollieren", "Feinpositionieren" und "Formen der Anschlußdrähte" soll ein zusätzliches Handhaben durch den Bestückroboter vermieden werden.

Anforderungen an Systeme zur Bauelementzuführung und -vorbereitung	

– Eignung für Bauelemente mit mehr als zwei Anschlußdrähten
– Ausgleich von Rastermaßtoleranzen (Richten) möglich
– Keine mechanische oder elektrische Beschädigung der Bauelemente
– Ausgleich von Lagetoleranzen der Anschlußdrähte
– Unterschiedliche Anlieferungszustände möglich: – Schachtmagazine
                                                     – Flachmagazine
                                                     – Bauelementgurt
                                                     – Schüttgut
– Greifen der Bauelemente am Bauelementkörper möglich
– Integration von Kontrollfunktionen möglich
	Muß

– Geringer Steuerungsaufwand – Größtmögliche Ausnutzung von Bestückroboterfunktionen – Geringer Aufwand pro Bauelementzuführung – Geringer Taktzeitanteil (keine Wartezeiten für den Bestückroboter)	Wunsch

<u>Bild 4.3:</u> Anforderungen an Systeme zur Bauelementzuführung und Vorbereitung

4.3.2   <u>Fügesysteme</u>

Die universellsten Fügesysteme für das Bestücken werden durch einen Bestückroboter ermöglicht, der entsprechende Fügewerkzeuge handhabt. Um den Gesamtaufwand für ein Bestücksystem zu reduzieren und gleichzeitig die Flexibilität zu erhöhen, müssen Bestückroboterfunktionen weitgehend ausgenutzt werden /33/. Die Fügewerkzeuge müssen eine geringe Masse (< 3 kg) zur Realisierung hoher Verfahrgeschwindigkeiten haben. Kompakte Abmessungen sind zur Gewährleistung einer guten

Zugänglichkeit und einer geringen Bauhöhe notwendig.
Bei Fügesystemen zum Bestücken ist die Masse der Bauelemente
gegenüber der Masse der Fügewerkzeuge vernachlässigbar.

Anforderungen an Fügesysteme

- Universelle, an unterschiedlichen Bestückrobotern anwendbare
  Fügewerkzeuge
- Ausgleich von Ungenauigkeiten in der Lage von Bestückbohrungen
- Hohe Fügesicherheit
- Erkennung von Fügefehlern
- Überwachung des Fügeprozesses
- Simultanes Fügen bei Mehrstellenkontakt
- Keine Beschädigung von Bauelement oder Leiterplatte bei Fügefehlern
- Integration optischer Sensoren

Bild 4.4: Anforderungen an Fügesysteme

Die wichtigsten Fügewerkzeuge eines Bestücksystems sind
Bestückgreifer.
Allgemeine Anforderungen an Bestückgreifer können aus dem
Stand der Technik bei Bestückrobotern (Bild 2.7), aus den
Grundanforderungen an ein flexibles Bestücksystem (Bild 4.2)
und der Literatur /34, 35/ abgeleitet werden.
Weitere Anforderungen ergeben sich aus der Analyse des
Werkstückspektrums. Hier muß insbesondere die Geometrie und
Masse der Sonderbauelemente (Bild 3.2) und der mögliche
Greiferöffnungsfreiraum beim Fügen von Sonderbauelementen
berücksichtigt werden (Bild 3.3).
Nachfolgend sind alle Anforderungen für die Entwicklung von
Bestückgreifern zusammengefaßt:

- programmierbare Greiferöffnung zum Greifen unterschiedlicher Bauelementtypen ohne Greiferbackenwechsel und zur
  Minimierung des Greiferöffnungsfreiraumes für jeden Bauelementetyp,

- programmierbare Greifkraft (0 bis 20 N) zum kraftschlüs-
  sigen Greifen unter Vermeidung von Beschädigungen bei
  empfindlichen Bauelementen,

- zentrisches Greifen der Bauelemente über dem gesamten
  Öffnungsbereich,

- hohe Verfahrgeschwindigkeit der Greiferbacken (mindestens
  60 mm/s),

- automatischer Greiferbackenwechsel möglich unter Ausnutzung
  der programmierbaren Greiferöffnung.

4.3.3 Steuerungssysteme

Die problemspezifischen Anforderungen eines Bestücksystems
für Sonderbauelemente an die Steuerung unterscheiden sich
wesentlich von denen einer programmierbaren Montagestation
für mechanische Teile. Eine "Off-Line"-Programmierung der
Bestückpositionen bedeutet bei der Fertigung vieler Leiter-
plattenvarianten einen erheblich geringeren Aufwand als die
"Teach-In"-Programmierung /51, 49/. Kleine Losgrößen erfordern eine häufige Änderung des Bestückprogrammes, die
Vielzahl unterschiedlicher Bestückprogramme muß von einem
zentralen Speicher ohne lange Übertragungszeiten abgerufen
werden können /36, 30/.
Eine große Bedeutung kommt der Realisierung unterschiedlicher
Störfallstrategien zu. Gegenüber der Montage mechanischer
Teile ist beim Bestücken häufig mit Störungen aufgrund
mangelnder Teilequalität zu rechnen /37/.
Ein entscheidender Nachteil aller Bestückautomaten für
bedrahtete Bauelemente ist das Nichtvorhandensein einer
automatischen Fehlerbeseitigung, so daß eine Bedienperson
zumindest teilweise (Mehrmaschinenbedienung) erforderlich ist
/36/. Bei Bestückrobotern wäre dies, infolge der wesentlich

geringeren Bestückrate, aus wirtschaftlicher Sicht nicht
vertretbar. Entsprechende Anforderungen müssen an Störfallstrategien und den Wiederanlauf nach Störungen gestellt
werden.

Anforderungen an Steuerungssysteme

- Einfache, freie Programmierbarkeit
- Gegliederte Steuerungshirarchie mit autarken Substeuerungen
- Inselbetrieb der Bestückstation möglich
- "Off-line"-Programmierung
- DNC-Betrieb
- Komfortable Bedienerführung und Fehlerdiagnose
- Realisierung unterschiedlicher Störfallstrategien
- Einfacher, weitgehend automatisierter Wiederanlauf nach Störungen

---

Bild 4.5: Wesentliche Anforderungen an Steuerungssysteme

5   <u>Entwicklung von Verfahren für die Bauelementevor-</u>
         <u>bereitung und das Fügen</u>

Die gewählte Bestückmethode hat entscheidenden Einfluß auf
das Gesamtkonzept eines Bestücksystems. Vor der Konzeptions-
phase müssen deshalb konzeptneutrale Verfahren für das
Vorbereiten und Fügen von Bauelementen entwickelt werden, die
in unterschiedlichen Systemkonzepten anwendbar sind. Aus der
Analyse des Montageproblems und der Definition der Systemfunktionen (Kapitel 3 und 4.1.1) können die notwendigen
Verfahrensentwicklungen abgeleitet werden. Mögliche Bestück-
methoden ergeben sich durch die Untersuchung von Kombinationsmöglichkeiten der unterschiedlichen Verfahren.

5.1   <u>Verfahren zum Ausgleich von Bauelementtoleranzen</u>

Bauelementtoleranzen müssen durch ein Feinpositionieren
und/oder Richten vor dem Fügen ausgeglichen werden. Hierbei
muß unterschieden werden zwischen dem Ausgleich von Lagetoleranzen der Anschlußdrähte in bezug auf den Bauelementkörper
und den Rastermaßtoleranzen, siehe Bild 3.5.
Beim Greifen des Bauelementes an den Anschlußdrähten erfolgt
das Richten bei entsprechend geformten Greiferbacken zwangs-
weise während des Greifens. Dieses Verfahren ist nur für 28 %
der Sonderbauelemente anwendbar, bei denen ein ausreichender
Greiferöffnungsfreiraum gegeben ist (siehe Bild 3.3). Bei
Bauelementen, die nur am Bauelementkörper gegriffen werden
können, sind Verfahren mit passivem oder aktivem Toleranzausgleich möglich (Bild 5.1).
Der aktive Toleranzausgleich erfordert die Anwendung taktiler
oder optischer Sensoren.
Bei der Verfahrensfindung wurden drei alternative Prinzipien
für den Ausgleich von Bauelementtoleranzen vorausgesetzt:

1. Ausgleich von Lagetoleranzen und Rastermaßtoleranzen in
   einem Schritt durch mechanisches Richten und Positionieren
   ohne Lagemessung der Anschlußdrähte (Verfahren A, B, C).

2. Ausgleich von Rastermaßtoleranzen durch mechanisches
   Richten und Lagemessung der Anschlußdrähte in einem
   Schritt (Verfahren D).

3. Messung und Korrektur der Lagetoleranzen der Anschlußdrähte. Ausgleich der Rastermaßtoleranzen durch
   - mechanisches Richten in einem zweiten Schritt oder
   - sequentielles Fügen (Verfahren E, F, G, H).

Bei Verfahren mit <u>aktivem Toleranzausgleich</u> wird eine
Lagemessung der Anschlußdrähte durchgeführt.
Die Verwendung optischer Sensoren ist dabei nur dann sinn-
voll, wenn Bauelemente mit sehr geringen Rastermaßabwei-
chungen (< 0,05 mm) bestückt werden sollen, so daß der
Ausgleich von Rastermaßabweichungen nur bei einem geringen
Bruchteil der Bauelemente durchgeführt werden muß.

5.1.1 <u>Lösungsprinzipien</u>

Bei der Vermessung der Anschlußdrähte in der Draufsicht ist
eine CCD-Kamera mit Grauwert-Bildverarbeitung oder ein Laser-
Entfernungsmesser mit Linienabtastung (Laser-Scanner)
erforderlich.
Eine Vermessung in der Seitenansicht ermöglicht die Verwendung einfacher Systeme. Hier ist eine CCD-Zeilenkamera mit
Binärbild-Verarbeitung oder ein Laser-Scanner einsetzbar.
Auch die Verwendung von Lichtschranken mit feinem Strahlen-
bündel ist möglich (Bild 5.1).
Bei zwei Lichtschranken mit einem eingeschlossenen Winkel
kann, wie beim Laserscanner, gleichzeitig auch eine Abstandsmessung vorgenommen werden. Beim Lösungsprinzip "H" ist ein

Abgriff der Encodersignale des Bestückroboters notwendig, jeweils zum Zeitpunkt des Durchschreitens eines Anschlußdrahtes durch die Lichtschranke /38/. Durch die Lagemessung während der Verfahrbewegung führt dieses Lösungsprinzip zu sehr geringen Taktzeitanteilen. Derzeit marktgängige Robotersteuerungen erlauben noch kein Auslesen der Positionswerte während der Bewegung.

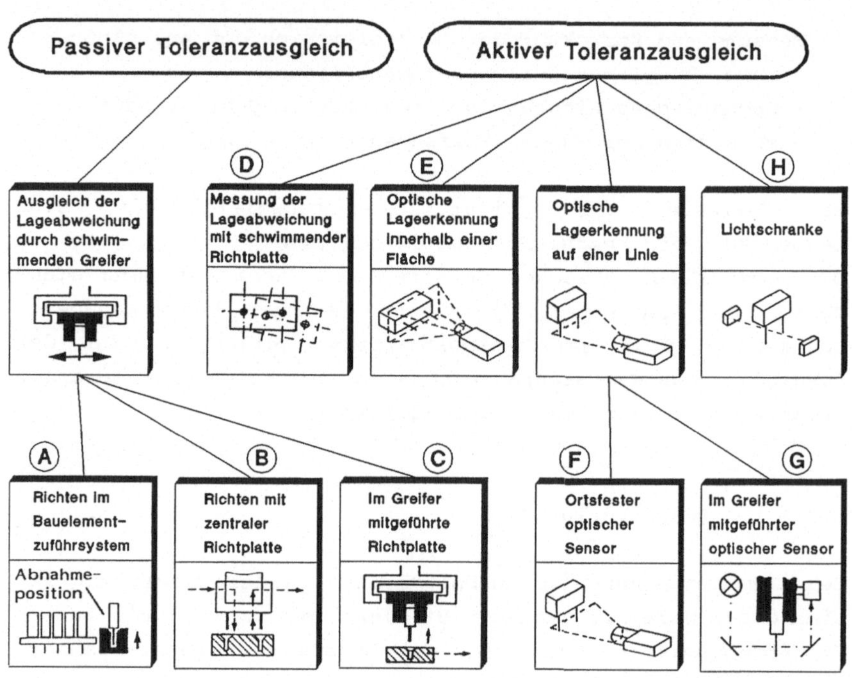

Bild 5.1: Verfahren zum Ausgleich von Bauelementtoleranzen

Aus der Auswertung der gemessenen Koordinaten für die Anschlußdrähte ergeben sich die Positionskorrekturwerte Δx_s, Δy_s, $\Delta \omega_s$, bezogen auf das Sensorkoordinatensystem. Sie müssen auf das Roboterkoordinatensystem transformiert werden (Bild 5.2). Dabei ist bei ortsfesten Sensorsystemen (Lösungsalternative "E", "F" und "H") der Verschiebevektor ($\vec{K}_{SB}$)

zwischen den Ursprungspunkten der beiden Koordinatensysteme durch einen vom Bestückroboter angefahrenen Referenzpunkt gegeben. Der Verschiebevektor kann also im Bereich der Wiederholgenauigkeit des Bestückroboters vom Sollwert abweichen. Bei Lösungsalternativen mit Sensoren, die vom Bestückroboter mitgeführt werden, kann eine derartige Abweichung nicht auftreten.

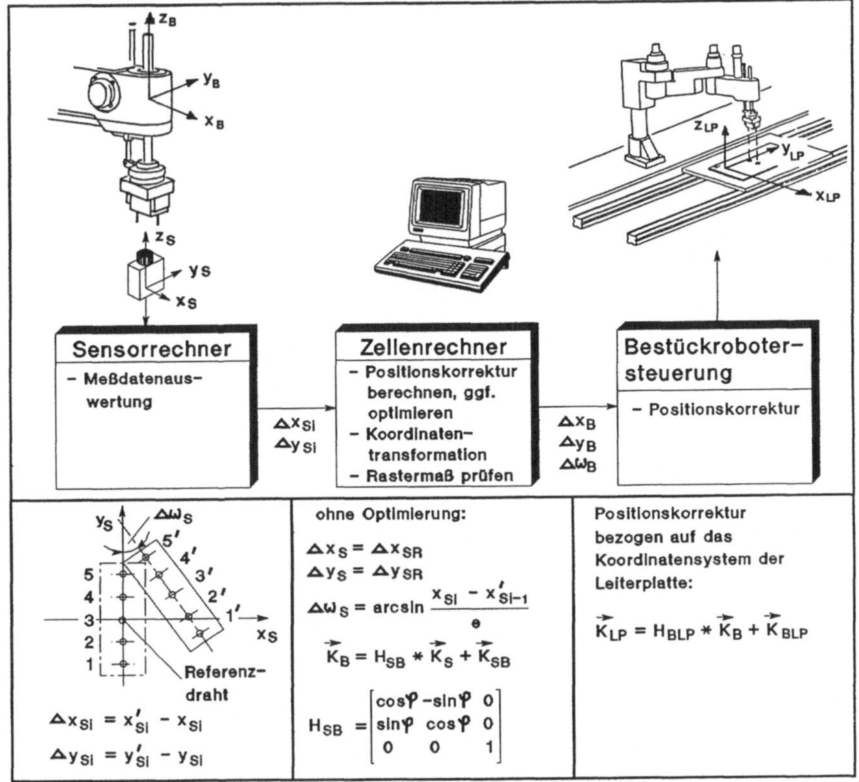

Below the figure boxes, the lower panel contains:

$$\Delta x_{SI} = x'_{SI} - x_{SI}$$
$$\Delta y_{SI} = y'_{SI} - y_{SI}$$

ohne Optimierung:

$$\Delta x_S = \Delta x_{SR}$$
$$\Delta y_S = \Delta y_{SR}$$
$$\Delta \omega_S = \arcsin \frac{x_{SI} - x'_{SI-1}}{e}$$
$$\vec{K}_B = H_{SB} * \vec{K}_S + \vec{K}_{SB}$$
$$H_{SB} = \begin{bmatrix} \cos\varphi & -\sin\varphi & 0 \\ \sin\varphi & \cos\varphi & 0 \\ 0 & 0 & 1 \end{bmatrix}$$

Positionskorrektur bezogen auf das Koordinatensystem der Leiterplatte:

$$\vec{K}_{LP} = H_{BLP} * \vec{K}_B + \vec{K}_{BLP}$$

Bild 5.2: Aktives Ausgleichen von Bauelementtoleranzen

Der <u>passive Toleranzausgleich</u> kann während des mechanischen Richtens des Rastermaßes durchgeführt werden, dadurch ergibt sich für Bauelementtypen mit hohen Rastermaßtoleranzen keine Taktzeiterhöhung.
Bei der Aufstellung von Verfahren zum passiven Toleranzausgleich wird von folgenden, aus der Analyse der Montageaufgabe abgeleiteten, Überlegungen ausgegangen:

- ein Ausgleich des Kippwinkels ist nicht erforderlich,
- die Auslenkung des Greifers muß mit minimalen Kräften möglich sein,
- die notwendigen "Einführschrägen" sind an der Leiterplatte nicht vorhanden und müssen deshalb an einer Richtplatte simuliert werden,
- die Auslenkung muß blockierbar sein.

Beim passiven Toleranzausgleich kann der Richtvorgang in der Nebenzeit in der Teilebereitstellung oder durch eine mitgeführte Richtplatte im Greifer durchgeführt werden.

Werden bei optischen Verfahren mehrere Anschlußdrähte vermessen, so ist eine <u>Optimierung der Positionskorrekturwerte</u> möglich.
Ziel der Optimierung ist, die Zentrumsabweichung zwischen Anschlußdraht und Bestückbohrung an der ungünstigsten Fügestelle zu minimieren (Bild 5.3). Ein aus der Literatur /38/ bekanntes Verfahren sieht keine iterative Berechnung vor, so daß sich bei großen Lageabweichungen einzelner Anschlußdrähte keine optimalen Korrekturwerte ergeben.
Aus diesem Grund wurde ein iteratives Verfahren entwickelt. Es kann vom Zellrechner durchgeführt werden. Bei entsprechender Wahl des Schrittfaktors "n" sind weniger als 10 Iterationsschritte erforderlich.

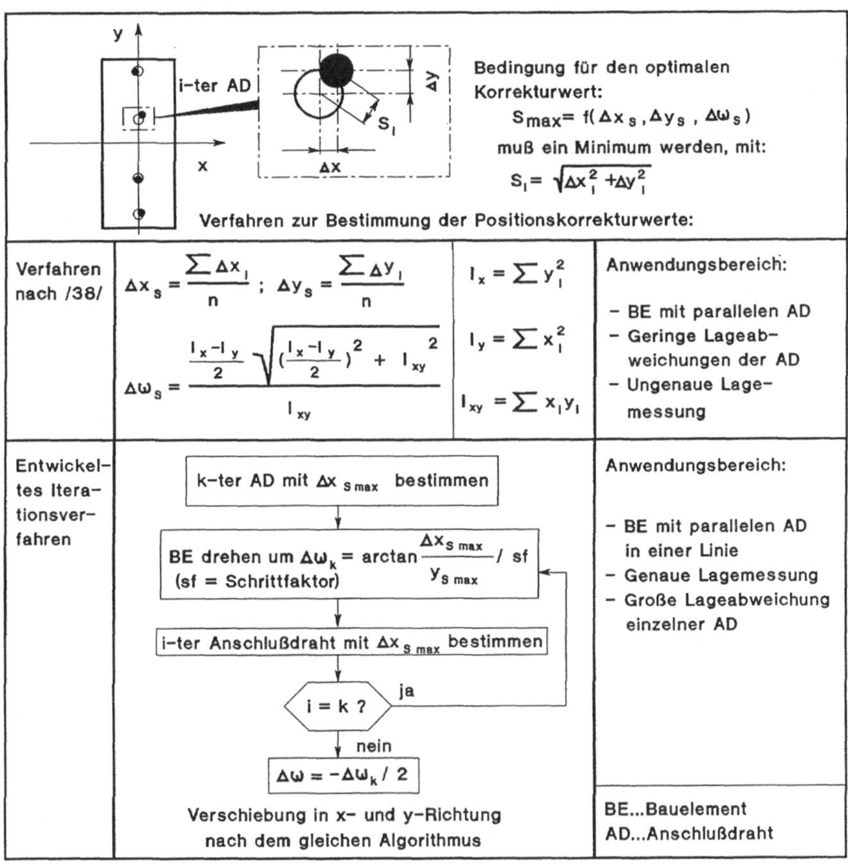

Bild 5.3: Bestimmung der optimalen Bestückposition

Folgende Schritte werden durchgeführt (siehe Bild 5.3):

1. Bestimmung des Anschlußdrahtes "k" mit maximaler Abweichung in x-Richtung.
2. Verdrehen des Bauelementes um den Winkel $\Delta\omega_k$ und Berechnung

der neuen Positionsabweichung Δx_i. Dies wird solange wiederholt, bis an einem anderen Anschlußdraht die maximale Abweichung auftritt. Danach Drehung um $\Delta \omega_k/2$ in umgekehrter Richtung.

3. Berechnung der Positionskorrekturwerte in x- und y-Richtung nach demselben Verfahren (Verschiebung um $\Delta x_{s\ max}$ / sf bzw. $\Delta y_{s\ max}$ / sf statt Drehung).

5.1.2 <u>Bewertung der Lösungsprinzipien</u>

Vor einer gezielten Weiterentwicklung einzelner Lösungsprinzipien muß eine Vorauswahl anhand entscheidender Bewertungskriterien vorgenommen werden (Bild 5.4).

Die Genauigkeit der einzelnen Verfahren ist für das Bestücken ausreichend. Die Genauigkeiten der mechanischen Verfahren zum passiven Toleranzausgleich kann durch Erfahrungswerte bei ähnlichen Systemen abgeschätzt werden.

Die Genauigkeit der Verfahren mit optischen Sensoren hängt von der Güte der verwendeten Sensoren ab. Zur Abschätzung realistischer Genauigkeitswerte wurde /38, 39, 40, 41/ herangezogen.

Bei der Betrachtung des Bewertungskriteriums Taktzeitanteil ist vor allem zu untersuchen, inwieweit das Verfahren in der Nebenzeit des Bestückroboters durchgeführt werden kann.

In den Greifer einbezogene Richt- und Sensorsysteme erfordern einen höheren Realisierungsaufwand bei geringerer Flexibilität. Hier ergibt sich ein Zielkonflikt zwischen den Kriterien Aufwand und Flexibilität.

In dem Bewertungskriterium Realisierungsaufwand ist sowohl der gesamte Bauaufwand als auch der Steuerungs- und Programmieraufwand zusammengefaßt. Mechanische Verfahren zum Toleranzausgleich sind insbesondere in bezug auf den Steuerungs- und Programmieraufwand wesentlich günstiger. Daraus resultieren auch geringere Anforderungen an die Steuerung des Bestückroboters.

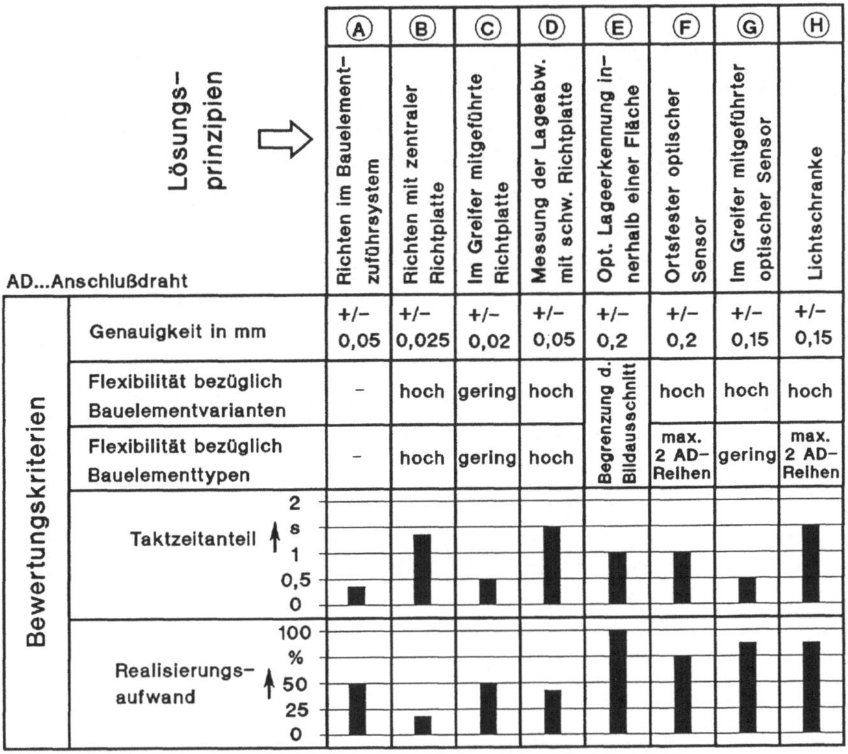

Lösungsprinzipien →	(A) Richten im Bauelement-zuführsystem	(B) Richten mit zentraler Richtplatte	(C) Im Greifer mitgeführte Richtplatte	(D) Messung der Lageabw. mit schw. Richtplatte	(E) Opt. Lageerkennung innerhalb einer Fläche	(F) Ortsfester optischer Sensor	(G) Im Greifer mitgeführter optischer Sensor	(H) Lichtschranke
Genauigkeit in mm	+/- 0,05	+/- 0,025	+/- 0,02	+/- 0;05	+/- 0,2	+/- 0,2	+/- 0,15	+/- 0,15
Flexibilität bezüglich Bauelementvarianten	–	hoch	gering	hoch	Begrenzung d. Bildausschnitt	hoch	hoch	hoch
Flexibilität bezüglich Bauelementtypen	–	hoch	gering	hoch		max. 2 AD-Reihen	gering	max. 2 AD-Reihen
Taktzeitanteil (s)								
Realisierungsaufwand (%)								

Bild 5.4: Bewertung von Lösungsprinzipien für das Ausgleichen von Lagetoleranzen der Anschlußdrähte

AD...Anschlußdraht

Optische Verfahren haben nur eine geringe Flexibilität in bezug auf Bauelementtypen. Abhängig von der Art des optischen Sensors ergeben sich größere Einschränkungen. Bei Bauelementen mit mehreren Reihen von Anschlußdrähten sind optische Verfahren, die nicht auf die Stirnfläche der Anschlußdrähte gerichtet sind, problematisch aufgrund der auftretenden Überdeckungseffekte. Bei großen Bauelementen (z.B. Steckerleisten) sind Sensoren mit einer hohen Auflösung erforderlich.

Die höchste Flexibilität ergibt sich beim Richten mit zentraler Richtplatte. Bohrungsraster mit unterschiedlichen Bohrungsgeometrien sind hier ausreichend.

Bei der Betrachtung der Funktionssicherheit und Störsicherheit ergeben sich eindeutige Vorteile für mechanische, taktile Verfahren. Optische Sensoren sind empfindlich gegenüber Umgebungseinflüssen (Raumausleuchtung), aber auch gegenüber Schwankungen in der Oberflächenbeschaffenheit der Anschlußdrähte.

Unter den mechanischen Verfahren (A, B, C, D) kann durch das Verfahren "B" die höchste Genauigkeit bei maximaler Flexibilität erzielt werden. Verfahren "D", das eine gleiche Flexibilität aufweist, erfordert einen höheren Realisierungsaufwand und einen höheren Taktzeitanteil. Verfahren "C" wird aufgrund seiner zu geringen Flexiblität nicht weiterverfolgt. Unter den optischen Verfahren haben Verfahren "F" und "H" die höchste Flexibilität.

Aufgrund des geringeren Realisierungsaufwandes und Taktzeitanteiles wird Verfahren "F" für weitere Entwicklungsarbeiten herangezogen.

Im Gesamtbewertungsergebnis heben sich die Verfahren "B" und "F" bei hoher Gewichtung der Flexibilität und des Aufwandes signifikant ab (Bild 5.4). Die folgenden Entwicklungsarbeiten sind auf diese beiden Lösungsprinzipien gerichtet.

5.1.3 Untersuchung ausgewählter Verfahren

Für je zwei Lösungsprinzipien zum Ausgleich von Rastermaß- und Lagetoleranzen an Bauelementen wurden Funktionsmuster realisiert und erprobt. Ziel der Erprobung war die Konkretisierung der vorgenommenen Bewertung (Bild 5.4).

Die nach der Erprobung ausgewählten Funktionsmuster dienten als Basis für die Entwicklung von Prototypen für die Verwendung als Komponenten einer flexiblen Bestückzelle.

5.1.3.1 Passives Richten

Beim passiven Richten werden die Anschlußdrähte während des Einfahrens in die Richtplatte verformt. Beim Herausfahren erfolgt eine Rückfederung.
Die Versuchsergebnisse (Bild 5.5) zeigen, daß durch das Richten eine hinreichend große Genauigkeit des Rastermaßes erreicht werden kann. Die Rückfederung ist stark abhängig von der Tiefe der Einführschräge und der Differenz von Draht- und Bohrungsdurchmesser.

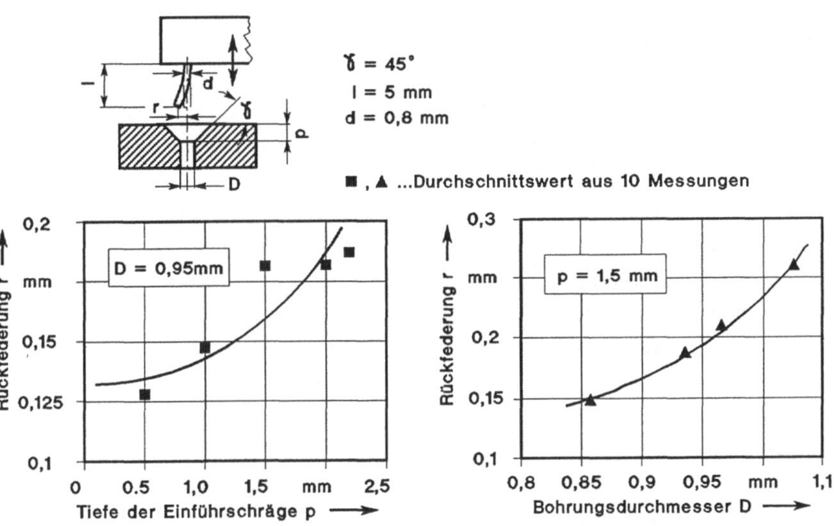

Bild 5.5: Erzielte Genauigkeit des Rastermaßes beim passiven Richten

Einführschrägen mit geringen Werten für "γ" und "p" führen zu Rückfederungen kleiner 0,1 mm, erhöhen jedoch die Gefahr der internen Bauelementbeschädigung durch Schubspannungen und führen zu hohen Taktzeitanteilen.

5.1.3.2   Aktives Richten

Beim aktiven Richten findet die größte Verformung der Anschlußdrähte erst nach dem Einfahrvorgang statt.
Gegenüber dem passiven Richten ergeben sich damit folgende Vorteile:

- Kompensation der Rückfederung und
- geringere Gefahr der internen Bauelementbeschädigung.

Dem steht jedoch ein erheblich höherer Aufwand und ein höherer Taktzeitanteil gegenüber.
Im Idealfall müßte beim aktiven Richten jeder einzelne Anschlußdraht individuell ausgemessen und entsprechend verformt werden. Aus technischen und wirtschaftlichen Gründen muß dies jedoch ausgeschlossen werden.
Mit der Randbedingung, daß alle Anschlußdrähte gleiche Bewegungen erfahren, wurde ein Verfahren entwickelt, welches auch ohne vorheriges Ausmessen der Anschlußdrähte auskommt.
Wie erste Vorversuche zeigten, ist die Realisierung des Funktionsablaufes zum aktiven Richten (Bild 5.6) nur für Drahtlängen von mindestens 8 mm möglich. Derartige lange Anschlußdrähte sind häufig bei Steckverbindungen für die Wire-Wrap-Technik zu finden.

Zur Erprobung des Verfahrens wurde ein Funktionsmuster entwickelt. Als Versuchswerkstück diente eine Steckerleiste, ausgelegt für ein Fügen durch Einpressen in die Leiterplatte /42/ (Bild 5.7).

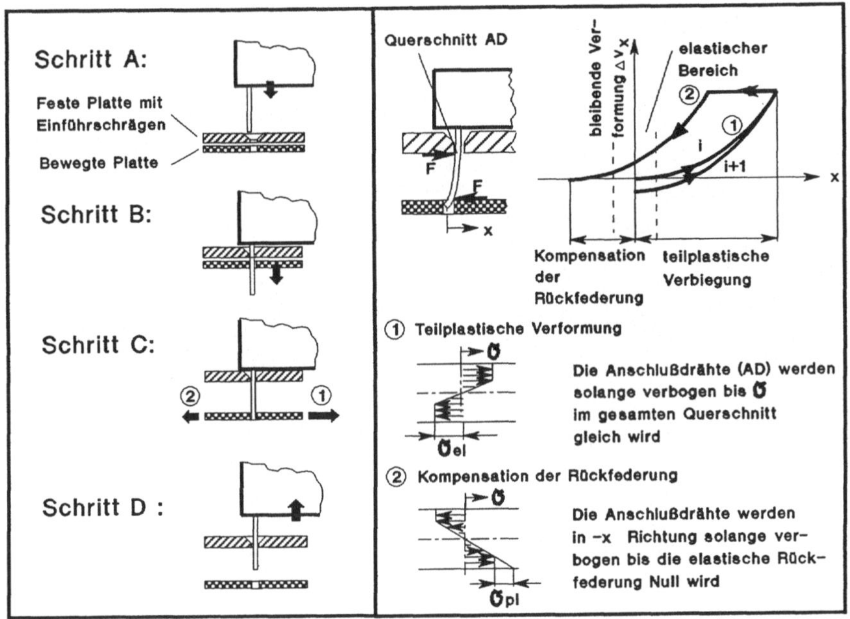

Bild 5.6: Funktionsablauf und Lösungsprinzip beim aktiven Richten

In einer ersten Versuchsreihe wurde ermittelt, welche Auslenkungen erforderlich sind, um an allen Anschlußdrähten dieselbe bleibende Verformung zu erreichen. Der Verlauf der Kennlinien bestätigt die in Bild 5.6 dargestellten theoretischen Annahmen.

Im Ausgangszustand (Zustand I) hatten die Anschlußdrähte des Versuchswerkstücks einen Streubereich der Lageabweichungen von 1,1 mm. Nach der Auslenkung um 4,8 mm (Zustand II) reduzierte sich der Streubereich auf 0,15 mm und nahm nach Auslenkung in umgekehrter Richtung in den Endzustand (Zustand III) nur wenig auf 0,22 mm zu (siehe Bild 5.8).

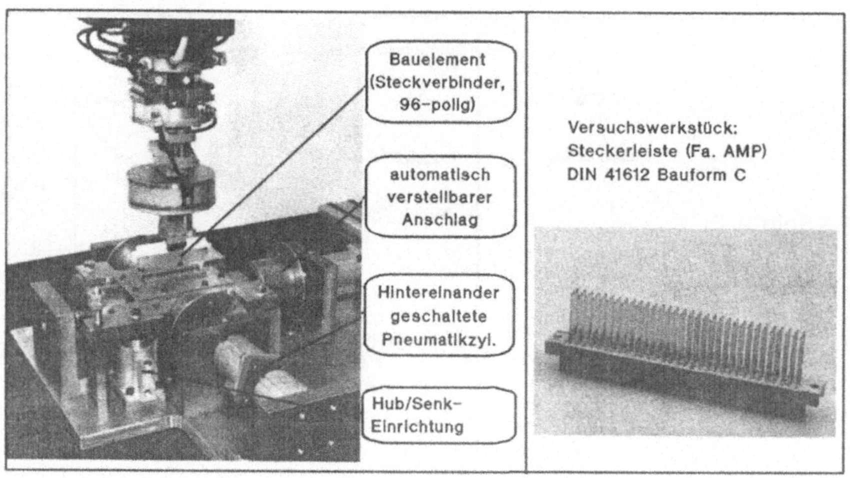

Bild 5.7: Versuchsaufbau und Versuchswerkstück zum aktiven Richten

In einer zweiten Versuchsreihe wurden die Auslenkungen jeweils in einem Schritt durchgeführt und die Streubreite der Lageabweichungen von 5 Anschlußdrähten je Versuchswerkstück im Ausgangs- und Endzustand gemessen. Die zur Messung herangezogenen Anschlußdrähte wurden so gewählt, daß die Streubreite im Ausgangszustand bei allen 5 Versuchswerkstücken 1 mm betrug. Die Meßwerte zeigen, daß eine Auslenkung von mindestens 3 mm erforderlich ist, um die Streubreite auf 0,15 mm zu reduzieren. Verformungen von mehr als 4 mm erhöhen dagegen die Gefahr einer Bauelementbeschädigung (siehe Bild 5.8).

Die dritte Versuchsreihe wurde durchgeführt, um die erreichbaren Streubreiten der Lageabweichungen in Abhängigkeit vom Ausgangszustand darzustellen. Der Richtfaktor r, ein Maß für die Reduzierung der Streubreite der Lageabweichungen, geht bei kleiner werdenden Streubreiten gegen 1. Sehr wirkungsvoll ist daher das aktive Richten bei großen Streubreiten. In der Versuchsreihe konnten alle Streubreiten im Ausgangszustand auf Werte kleiner 0,27 mm im Endzustand reduziert werden (Bild 5.8).

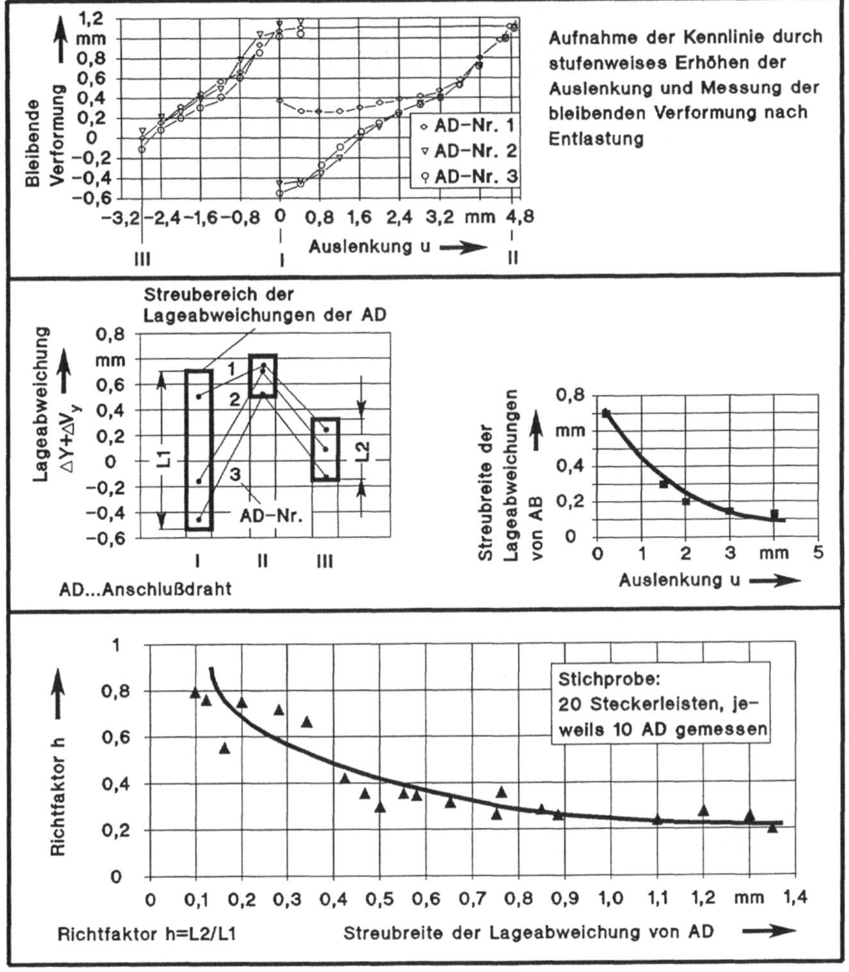

Bild 5.8: Versuchsergebnisse zum aktiven Richten

5.1.3.3 Ausgleich von Lagetoleranzen und Richten durch schwimmenden Greifer

Mit dem entwickelten Funktionsmuster (Bild 5.9) wurde in Versuchen der Taktzeitanteil für den Ausgleich der Lagetoleranzen der Anschlußdrähte, der parallel zum passiven Richten erfolgt, bestimmt.

Richtbohrungen mit einer Durchmesserdifferenz von 0,15 mm, die beim passiven Richten eine hinreichende Genauigkeit des Rastermaßes von $\pm$ 0,10 mm erbringen, erfordern Taktzeitanteile von 1,3 s. Dabei hat die Einführschräge einen Winkel γ = 45° und eine Tiefe p = 1,0 mm.

Es wurden folgende Taktzeitanteile für die übrigen Teilfunktionen gemessen:

- Bauelement aufnehmen: 0,2 s,
- Bauelement einsetzen: 0,3 s,
- Verfahren von der Bauelementbereitstellung zur Richtplatte: 0,7 s,
- Verfahren von der Richtplatte zur Leiterplatte: 0,7 s,
- Verfahren von der Leiterplatte zur Bauelementbereitstellung: 1,1 s.

Die Versuche ergaben weiterhin, daß ein möglichst reibungsfreies Schwimmen des Greifers notwendig ist, um eine hohe Funktionssicherheit und einen geringen Taktzeitanteil zu erreichen.

Die durchgeführten Versuche bestätigen die in Bild 5.4 dargestellte Bewertung. Die Entwicklung des Funktionsmusters führte zur Erkenntnis, daß eine Integration der Richtplatte in den Mechanismus des schwimmenden Greifers keine kompakte Konstruktion mehr erlaubt.

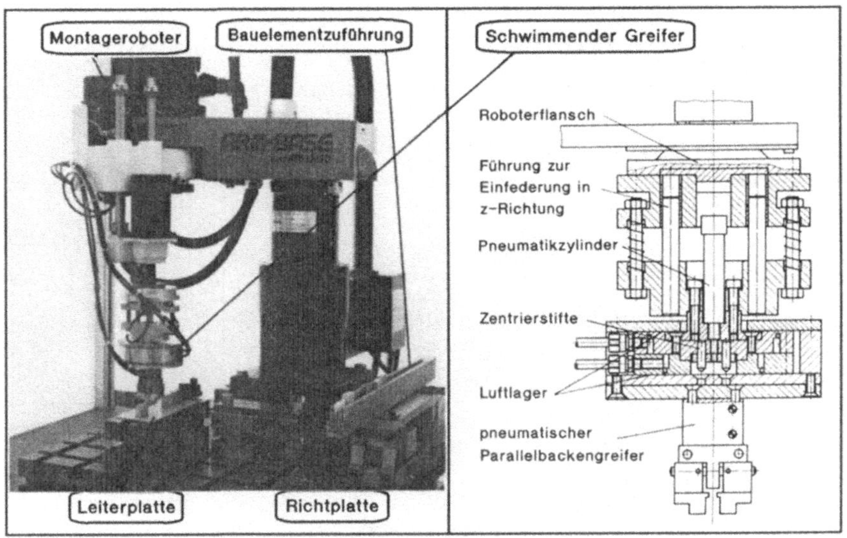

Bild 5.9: Versuchsaufbau zum Ausgleich von Rastermaß- und Lagetoleranzen durch einen schwimmenden Greifer

5.1.3.4 Anwendung einer CCD-Kamera

Zum Vermessen der Lageabweichung wurde gemäß Lösungspinzip "F" eine feststehende CCD-Kamera angewendet. Die durchgeführten Versuche sollten auch Hinweise zur Machbarkeit des Lösungsprinzips "G" geben.

Im realisierten Versuchsaufbau (Bild 5.10) präsentiert der Bestückroboter die Breitseite des Bauelements zur Erfassung der Lageabweichung in y-Richtung und anschließend eine Stirnseite zur Erfassung der Lageabweichungen der Anschlußdrähte in x-Richtung. Die verwendete CCD-Kamera ergab eine Auflösung von ± 0,05 mm bei einem Bildausschnitt von 30 x 30 mm. Um diese Auflösung zu erreichen, müssen für die Lagemessung zwei Bilder aufgenommen werden. Beim ersten Bild werden

die dem Anschlußdraht entsprechenden Pixel ausgewertet, beim zweiten Bild werden die Pixel des Hintergrundes ausgewertet. Das Meßergebnis ergibt sich aus dem arithmetischen Mittel der beiden Teilergebnisse.
Die Versuche ergaben eine hinreichende Genauigkeit und bei richtig dimensionierter Beleuchtung ohne Umgebungseinflüsse eine hohe Funktionssicherheit.

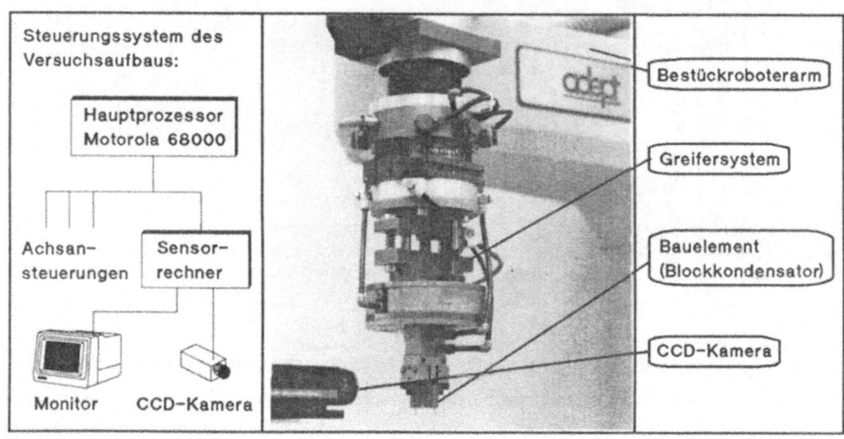

Bild 5.10: Versuchsaufbau zur Vermessung von Lagetoleranzen durch eine CCD-Kamera

Obwohl ein Bestückroboter mit Direktantrieb und entsprechend hohen Verfahrgeschwindigkeiten und Beschleunigungswerten sowie mit integrierter Bildverarbeitung /20/ verwendet wurde, ergab sich ein relativ hoher Taktzeitanteil von 0,6 s.
Die durchgeführten Versuche bestätigten auch die Durchführbarkeit des Lösungsprinzips "G", bei welchem das Vermessen während des Verfahrens des Bestückroboters von der Bereitstellungs- zur Fügeposition durchgeführt werden soll. Der in den Versuchen gemessene Taktzeitanteil kann so um 50 % verringert werden.
Eine wesentliche Erhöhung der Fügesicherheit ergab sich durch

die Optimierung der Positionskorrekturwerte (Bild 5.3). Für entsprechende Versuche wurden Bauelemente mit mehr als vier Anschlußdrähten verwendet.

Günstiger für die Realisierung des Lösungsprinzips "F" sind abstandsmessende Sensoren. Durch die Abstandsmessung kann die zweite Koordinate der Lageabweichung bestimmt werden. Eine Bildaufnahme aus zwei Richtungen ist deshalb nicht notwendig. Zukünftig ist mit der Realisierung sehr genauer abstandsmessender optischer Sensoren durch Laserscanner zu rechnen. Derzeit bekannte Laserscanner, die hauptsächlich beim Bahnschweißen verwendet werden, erbringen noch nicht die erforderliche Genauigkeit /43/.

5.2 Verfahren zum Ausgleich von Leiterplattentoleranzen und Toleranzen im Bestücksystem

Toleranzen im Bestücksystem und Leiterplattentoleranzen können durch Ausmessen der Bestückbohrungen oder entsprechende Fügemethoden in einem Schritt ausgeglichen werden. Aus diesem Grund ist es nicht sinnvoll, hierfür getrennte Lösungsprinzipien zu erarbeiten.

5.2.1 Lösungsprinzipien

Bei Verfahren ohne Sensorunterstützung erfolgt das Fügen ohne Vermessung der Istposition der Bestückbohrungen.

Beim Verfahren "1" werden die Drahtenden der Bauelemente zu einer Kegelspitze verformt (Bild 5.11). Das Verfahren ist prinzipiell auch anwendbar zum Ausgleich kleiner Bauelementtoleranzen. Derzeit sind jedoch keine Sonderbauelemente mit angespitzten Anschlußdrähten am Markt verfügbar, d.h. in einem zusätzlichen Arbeitsschritt müssen die Drahtenden verformt werden. Dies sollte während des mechanischen

Richtens erfolgen, so daß die Taktzeit nicht erhöht wird. Aus diesem Grund wurde das Verfahren nicht als Lösungsprinzip zum Ausgleich von Bauelementtoleranzen berücksichtigt.

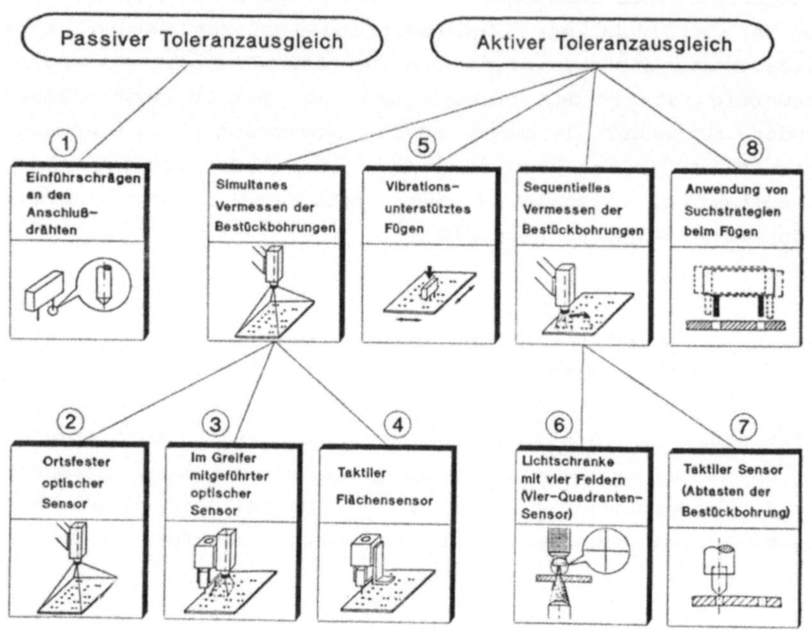

<u>Bild 5.11:</u> Verfahren zum Ausgleich von Leiterplattentoleranzen und Toleranzen im Bestücksystem

Das vibrationsunterstützte Fügen wird durch ein Schwingen der Leiterplatte oder des zu fügenden Bauelements ermöglicht /44/. Bei einer schwingenden Leiterplatte besteht jedoch die Gefahr des Herausfallens bereits gefügter Bauelemente.
Um alle möglichen Toleranzen ausgleichen zu können, müssen einander überlagerte Schwingungen in x-y-Richtung sowie eine Drehschwingung um die z-Achse realisiert werden.
Bei Verfahren mit Sensorunterstützung erfolgt vor dem Fügen

eine Feinpositionierung. Eine Sonderrolle nimmt dabei die Anwendung von Suchstrategien ein. Da keine Lagevermessung der Bestückbohrungen vorgenommen wird, sondern nur die Information "Fügen erfolgreich/Fügen nicht erfolgreich" vorliegt, ist keine gezielte Feinpositionierung möglich. Dies steht im Gegensatz zum Fügen mechanischer Teile, wo Rückstellkräfte an Einführschrägen zur Durchführung der Positionskorrektur /24/ herangezogen werden können.

Bei Verfahren mit gezielter Feinpositionierung muß unterschieden werden zwischen simultanem Vermessen aller Bestückbohrungen (Verfahren "2"), simultanem Vermessen der Bestückbohrungen für je ein Bauelement (Verfahren "3" und "4") und dem sequentiellen Vermessen der Bestückbohrungen (Verfahren "6" und "7").

5.2.2   Bewertung und Anwendungsbereiche der Lösungsprinzipien

Zur Auswahl des geeigneten Lösungsprinzips für eine flexible Bestückzelle muß der Anwendungsbereich untersucht und eine Bewertung durchgeführt werden (Bild 5.12). Es wurden mit Ausnahme der Flexibilität und Genauigkeit dieselben Bewertungskriterien zugrundegelegt wie in Abschnitt 5.1.2. Die Genauigkeit war bei den sensorgestützten Verfahren ausreichend. Bei den Verfahren ohne Sensorunterstützung konnte nur das erfolgreiche Fügen aufgenommen werden. Die geforderte Flexibilität ist prinzipiell bei allen Verfahren gegeben.

Die Anwendungsmöglichkeit der Verfahren hängt von der genauen Problemstellung, insbesondere vom notwendigen Toleranzausgleich, ab. Hier können 3 Fälle unterschieden werden:

- bei gestanzten Leiterplatten (siehe Bild 3.7) und Bestücksystemen mit geringen Abweichungen ist ein Ausgleich der Lagetoleranz des Gesamtbohrbildes ausreichend,
- bei Bestücksystemen mit hohen Abweichungen (Gesamtabwei-

chung > $\pm$ 0,15mm) aber geringen Rastermaßtoleranzen bei
Bauelement und Leiterplatte ist ein Ausgleich der Lagetoleranz des Bauelementrasters anhand einer Bestückbohrung
ausreichend,

- gebohrte Leiterplatten und Bauelemente mit hohen Rastermaßabweichungen erfordern ein Vermessen aller Bestückbohrungen
pro Bauelement, so daß eine Optimierung der Bestückposition
(Bild 5.3) erfolgen kann, und/oder einen Ausgleich der
Rastermaßtoleranzen durch Einführschrägen an den Anschlußdrähten.

Der Taktzeitanteil zum Durchführen der Verfahren ist sehr
unterschiedlich und davon abhängig, welcher Toleranzaus-
gleichsfall vorliegt. Um eine Vergleichbarkeit zu ermöglichen, wird in Bild 5.12 der Taktzeitanteil für das Ausgleichen der Lagetoleranz einer Bestückbohrung aufgeführt.
Soll die Lagetoleranz aller Bestückbohrungen ausgeglichen
werden, so erfordert ein ortsfester optischer Sensor den
geringsten Taktzeitanteil, da dieser unabhängig vom Bestückroboter arbeiten kann. Derzeit marktgängige optische Sensoren
haben nicht die Auflösung, die erforderlich wäre, um in einem
großen Sichtfeld die erforderliche Genauigkeit zu erbringen.
Sie sind deshalb nur für Bestückflächen kleiner 40 x 40 mm
geeignet (254 x 240 Pixel CCD-Kamera).
Der Aufwand ist für optische Sensoren relativ hoch, obwohl
hier weitgehend auf marktgängige Komponenten zurückgegriffen
werden kann.
Mit wenig Aufwand realisierbar sind die Verfahren "1" und
"6", Einführschrägen an den Anschlußdrähten und Anwendung
eines Vierquadrantensensors. Diese Lösungsprinzipien werden
auch bei Bestückautomaten für Standardbauelemente /39, 45/
angewendet.

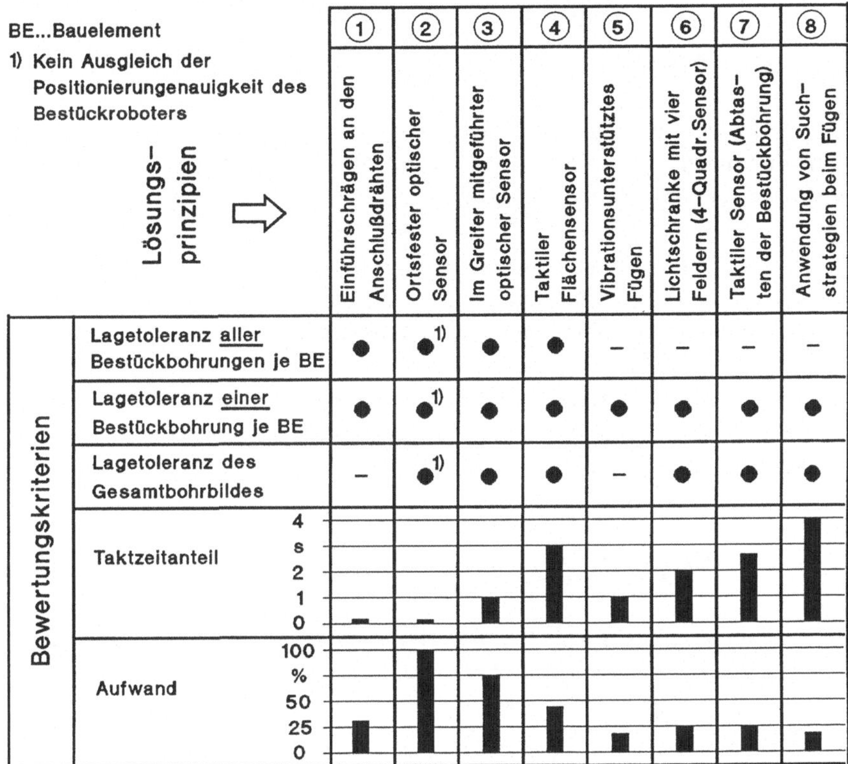

Bild 5.12: Bewertung von Lösungsprinzipien für das Ausgleichen von Leiterplattentoleranzen und Toleranzen im Bestücksystem

5.3 Verfahren zur Bauelementbefestigung in der Leiterplatte

Die elektrische Verbindung zwischen Bauelementen und den Leiterbahnen kann durch Weichlöten oder Einpreßtechnik erreicht werden. Die Einpreßtechnik wird derzeit nur für

Steckverbinder angewandt. Bei der Kontaktierung durch Weichlöten sind gemäß Bild 2.7 Bestückaufgaben in zwei Fälle zu unterscheiden:

Im Falle der <u>Bestückung ohne Löten</u> muß das Bauelement für die Durchführung von Komplettlötverfahren und den Transport dorthin gesichert werden /46/.

Im Falle der <u>Bestückung mit Einzellöten</u> ist eine Bauelement- sicherung für den Transport der Leiterplatte nicht erforder- lich, wenn das Bestücken und Einzellöten in einer Station durchgeführt wird.
Die zu lötenden Bauelemente müssen jedoch soweit gesichert werden, daß das Wenden der Leiterplatte ohne Herausfallen der Bauelemente möglich ist.

5.3.1   <u>Lösungsprinzipien</u>

Die Lösungsprinzipien für das Befestigen sind beim <u>Bestücken ohne Löten</u> meist nicht frei wählbar. Sie werden teilweise durch den vorangegangenen Bestückprozeß und Bauelementetyp festgelegt.
Die gängigsten Verfahren sind das Umbiegen der Anschlußdrähte bei Bestückautomaten und das nicht automatisierungsgerechte Einschnappen gesickter Anschlußdrähte bei manueller Be- stückung.
Bei der Anwendung von Bestückrobotern ist das Umbiegen der Anschlußdrähte auch nach der Bestückung aller Bauelemente möglich. Dieses Lösungsprinzip ist mit wenig Aufwand reali- sierbar, führt aber zu wesentlich höheren Taktzeiten.
Die günstigste Lösung für eine flexible Bestückzelle stellt das Kleben dar. In den bestehenden Bestückprozessen ist jedoch eine Realisierung problematisch, da eine dauerhafte Klebeverbindung eine nachträgliche Reparatur erschwert und andererseits Klebstoffe, die im Reinigungsprozess entfernt

werden können, noch wenig verbreitet sind.

Beim <u>Bestücken mit Einzellöten</u> sollte der Bestückroboter in einer flexiblen Bestückzelle auch das Einzellöten der Bauelemente durchführen.
Das Lot soll dabei in Drahtform zugeführt werden. Für das Zuführen von Lot in Pastenform ist ein zusätzlicher Arbeitsgang erforderlich, der zu hohen Taktzeiten führt.
Unter den alternativen Mitteln zur Erwärmung des Lötdrahtes und der Lötstelle ist die Verwendung des Lötkolbens am besten geeignet. Mit Ausnahme der erforderlichen Erwärmungszeit der Lötstelle werden alle Bewertungskriterien am besten erfüllt (Bild 5.13). Die Wärmequellen Laser und Wasserstoffflamme ermöglichen zwar kurze Erwärmungszeiten, erfordern jedoch einen wesentlich höheren finanziellen Aufwand. Die Prozeßbeherrschung ist hier noch problematisch.

Wärmezufuhr durch:	Bewertungskriterien				
	Aufwand	Erwärmungs- zeit je Lötstelle	Regelung der Wärme- menge	Begrenzung der Maximal- temperatur	Integrations- möglichkeit in ein Roboterwerkzeug
Heißgas	DM 3.000,-	> 5 s	◐	Ja	●
Wasserstoff- flamme	DM 5.000,-	< 1 s	○	Nein	○
Laser	DM 40.000,-	< 0,5 s	○	Nein	◐
Lötkolben	DM 500,-	1 - 3 s	●	Ja	●

● gut   ◐ mittel   ○ schlecht

<u>Bild 5.13:</u> Bewertung von Verfahren zur Wärmezufuhr für das Einzellöten mit drahtförmigem Lot

5.3.2   Erprobung des Weichlötens mit Industrieroboter

Wegen der besten Prozeßbeherrschung und Integrationsmöglich-
keit in ein Roboterwerkzeug wurde ein Verfahren mit Lötkolben
erprobt. Dieses Verfahren wurde bisher nur an starren
Montagelinien oder mit Hilfe von feststehenden Löteinrichtungen an xy-Tischen eingesetzt und mußte deshalb auf die
Eignung für den flexiblen Betrieb mit Industrierobotern
erprobt werden /62/.
Das hierfür entwickelte Funktionsmuster (Bild 5.14) lieferte
wichtige Hinweise für die Entwicklung eines Prototyps.

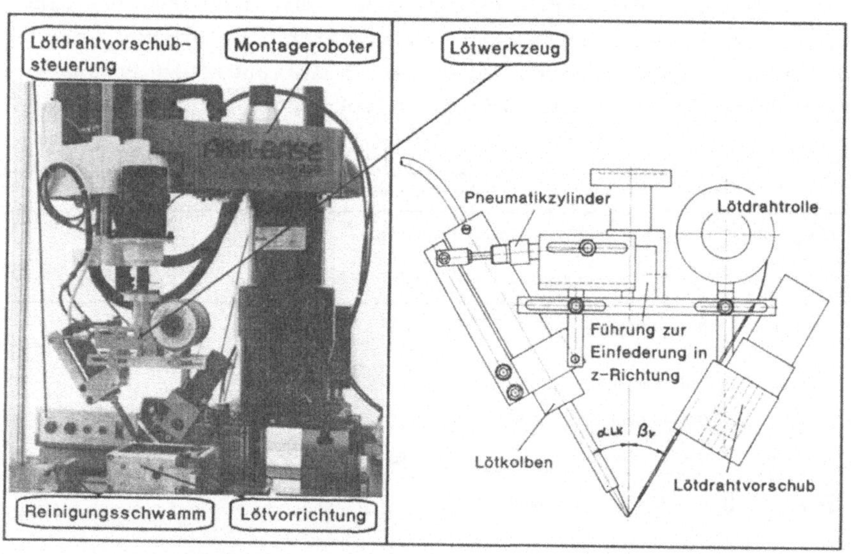

Bild 5.14: Versuch zum Weichlöten mit Industrieroboter

Die Versuche wurden an unterschiedlichen Leiterplatten
(Bild 5.15) durchgeführt.

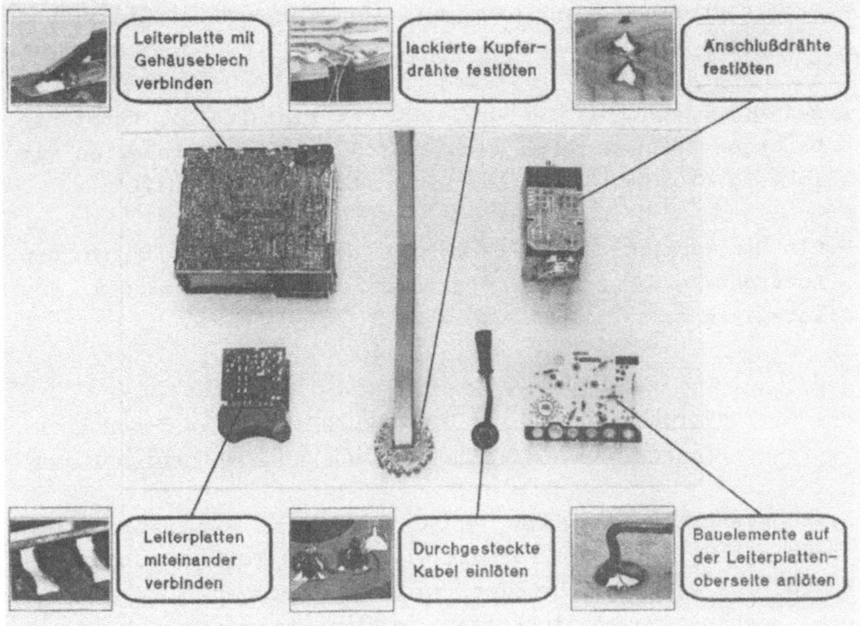

Bild 5.15: Ausgewählte typische Problemstellungen für
die Lötversuche

Die wichtigsten Ergebnisse können wie folgt zusammengefaßt
werden:

- Bei flexiblen Löteinrichtungen sollten die Winkel α_{LK} und
  β_V manuell einstellbar sein.

- Nur durch die Programmierbarkeit von Vorschubgeschwindigkeit und Vorschubmenge des Lotes ist eine optimale Anpassung an individuelle Lötaufgaben möglich.

- Um eine Reproduzierbarkeit des Wärmeüberganges zu gewährleisten, muß der Lötkolben mit vorgegebener Kraft an die zu
  verlötenden Teile angepreßt werden können. Für fast alle

Problemstellungen war eine definierte Anpreßkraft in x- und z-Richtung ausreichend.

- Bei durchschnittlicher Qualität der Einzelteile (konstante Benetzbarkeit) ergaben sich reproduzierbare Lötstellen mit im Vergleich zum manuellen Löten überlegener Qualität.

- Ein Sensorsignal bei Berührung der Lötspitze durch den Lötdraht ist für ein automatisches Vorverzinnen der Lötspitze erforderlich.

5.4   <u>Vorgehensweise zur Bestimmung möglicher Bestückver-
fahren durch die Kombination von Lösungsprinzipien</u>

Bestückverfahren ergeben sich aus der Kombination von Lösungsprinzipien, die für die wichtigsten Teilfunktionen des Bestückens entwickelt wurden, zu Gesamtlösungen.
Die Kombinationsmöglichkeiten werden eingeschränkt durch montagetechnische Randbedingungen wie Anlieferungszustand der Bauelemente, Größe und Art des Bauelementespektrums und Art der Leiterplatten.
Diese Problematik erforderte die Entwicklung einer Vorgehensweise für die Festlegung von Bestückverfahren in Form eines Flußdiagrammes (Bild 5.16). Es werden darin die wichtigsten montagetechnischen Randbedingungen berücksichtigt, die bei einer Planung notwendig sind.
Die erarbeitete Vorgehensweise dient zur Festlegung von Bestückverfahren für die unterschiedlichen Konzeptvarianten einer flexiblen Bestückstation, die in Kapitel 6 entwickelt werden (Bild 6.3).

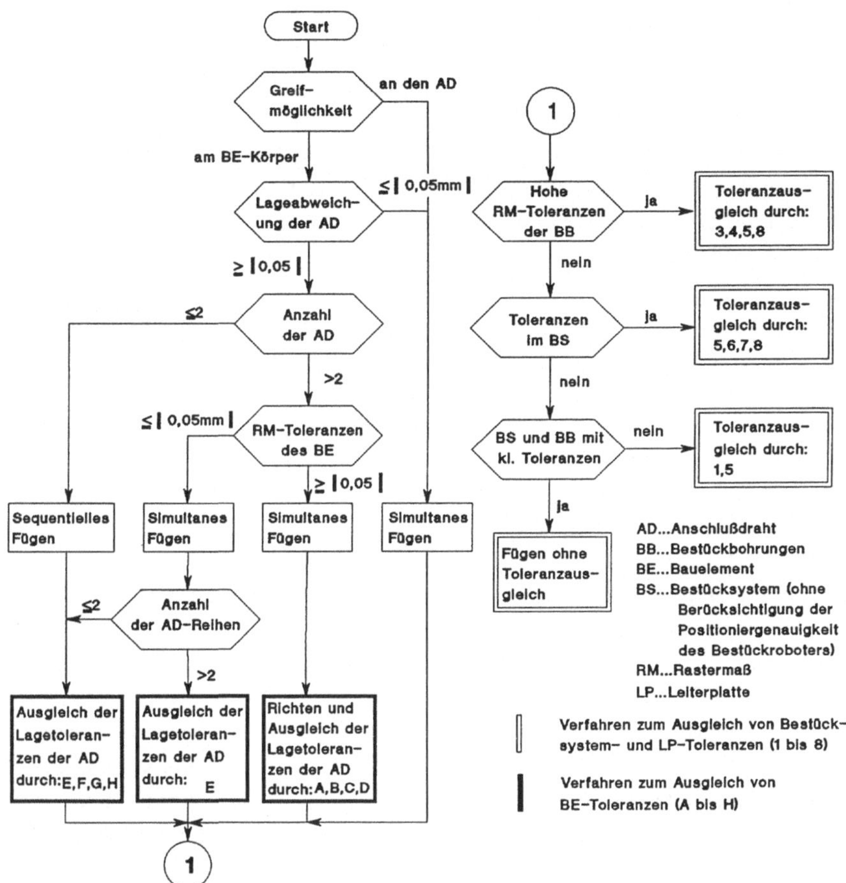

Bild 5.16: Vorgehensweise zur Festlegung von Bestückverfahren

6   **Konzeption eines flexiblen Bestücksystems für**
         Sonderbauelemente

6.1   **Aufstellen geeigneter Lösungen für Teilsysteme**

Für die verschiedenen Teilsysteme wurde gemäß einer morpho-
logischen Vorgehensweise nach /47, 48/ ein Lösungskatalog
aufgestellt und anhand wichtiger Unterscheidungskriterien
strukturiert.

6.1.1   **Bereitstellen und Zuführen der Leiterplatten**

Bei der Aufstellung eines Lösungsfeldes (Bild 6.1) ist als
wichtigstes Unterscheidungskriterium die Art der Einbindung
des Bestücksystems in die übrige Fertigung zu beachten /49/.
Bestücksysteme können als Fertigungsinsel oder als Station
innerhalb eines verketteten Systems betrieben werden.
Abhängig von der Betriebsart von Bestücksystemen ist die Wahl
der Transportbehälter.
Bei Stationen im Inselbetrieb sind als Transportbehälter
Leiterplattenmagazine vorzusehen, da diese genügend Pufferka-
pazität beinhalten /49/. Innerhalb verketteter Bestückstationen werden Leiterplatten einzeln auf Werkstückträgern oder
ohne Transportbehälter transportiert. Bei Stationen im
Inselbetrieb kann das Zuführen der Leiterplatten prinzipiell
durch den Bestückroboter erfolgen. Dies führt jedoch zu einer
wesentlichen Verringerung der Bereitstellungsmöglichkeiten
für Bauelemente, da das Leiterplattenmagazin im Arbeitsraum
bereitgestellt werden muß. Bei großen Arbeitsinhalten je
Leiterplatte ist der Zeitanteil für die Leiterplattenhand-
habung relativ gering.
Die weiteren Arbeiten konzentrieren sich auf waagrecht
beladene Leiterplattenmagazine als Transportbehälter. Diese
setzen sich in automatisierten Bestückbereichen immer mehr
durch, da für die meisten Bestückautomaten entsprechende

automatische Leiterplattenbe- und -entladevorrichtungen ange-
boten werden /49/.

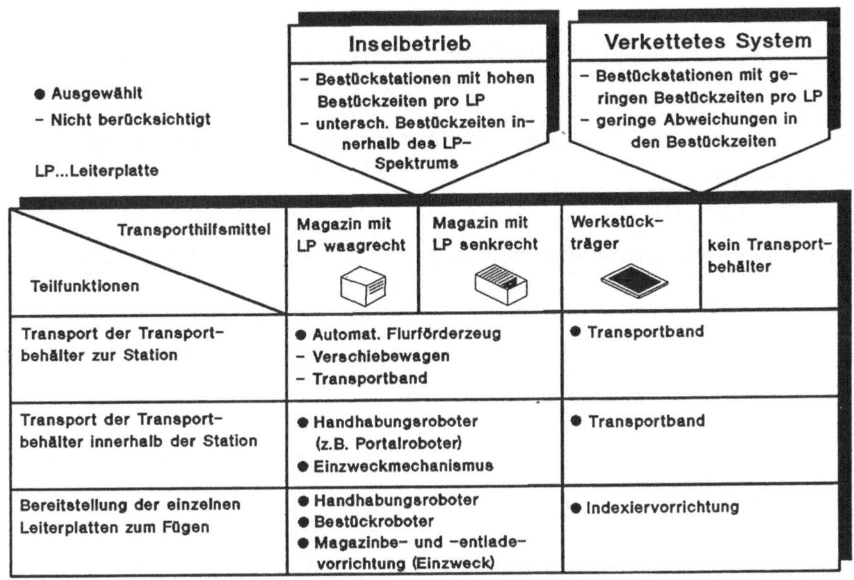

Transporthilfsmittel / Teilfunktionen	Magazin mit LP waagrecht	Magazin mit LP senkrecht	Werkstück-träger	kein Transport-behälter
Transport der Transport-behälter zur Station	● Automat. Flurförderzeug - Verschiebewagen - Transportband		● Transportband	
Transport der Transport-behälter innerhalb der Station	● Handhabungsroboter (z.B. Portalroboter) ● Einzweckmechanismus		● Transportband	
Bereitstellung der einzelnen Leiterplatten zum Fügen	● Handhabungsroboter ● Bestückroboter ● Magazinbe- und -entlade-vorrichtung (Einzweck)		● Indexiervorrichtung	

Bild 6.1: Systeme zum Bereitstellen und Zuführen von Leiterplatten

6.1.2 Bereitstellen und Zuführen der Bauelemente

Ein wichtiges Unterscheidungskriterium für Systeme zur
Bereitstellung von Bauelementen ist die Größe des Bauelemen-
tevorrats. Um einen längeren bedienerfreien Betrieb zu
ermöglichen, müssen die Bereitstellung und Zuführung in
Systemen mit geringerem Bauelementevorrat automatisch
durchführbar sein.

Das Hauptkriterium bei der Strukturierung des Lösungsfeldes
ist der Anlieferungszustand der Bauelemente, der häufig vom
Lieferant abhängig ist /50/.

- 82 -

In den weiteren Arbeiten werden alle Anlieferungszustände
berücksichtigt (Bild 6.2). Für den automatischen Transport
von Bauelementbehältern innerhalb der Station muß aufgrund
der hohen Vielfalt an Anlieferungszuständen ein programmier-
bares Handhabungsgerät vorgesehen werden /51/.

● Ausgewählt
– Nicht berücksichtigt

Bauelementvorrat hoch

Bauelementvorrat gering

| Anlieferungszustand der Bauelemente ⇒ | Gegurtet | | Schüttgut | Magaziniert | | |
Transportbehälter für Bauelemente ⇒	Axial-Gurt	Radial-Gurt	Kiste, Beutel	Flach-magazin	Schacht-magazin	Trommel-magazin
Teilfunktionen — Transport der Transportbehälter zur Station	● Automat. Flurförderzeug – Verschiebewagen – Transportband					
Transport der Transportbehälter innerhalb der Station	● Manuell			– Einzweckmechanismus ● Handhabungsroboter		
Bereitstellung der einzelnen Bauelemente zum Vorbereiten	● Gurtzuführsysteme		● Vibrationswendelförderer	entfällt	● Magazinentladevorrichtung	

Bild 6.2: Systeme zum Bereitstellen und Zuführen von Bauelementen

Bei flexiblen Bestückstationen für eine hohe Typen- und
Variantenvielfalt muß ein magazinierter Anlieferungszustand
der Bauelemente bevorzugt werden.
Die Verwendung von Magazinen ermöglicht ein automatisches
Umrüsten der Bauelementbereitstellung. Zuführsysteme mit
gegurteten Bauelementen müssen manuell auf einen anderen
Bauelementetyp oder eine andere Bauelementevariante umgerü-
stet werden.

6.1.3   Vorbereiten und Fügen der Bauelemente

Beim Aufstellen des Lösungsfelds mit möglichen Systemen für das Vorbereiten und Fügen ist das Arbeitsprinzip einer Station ein wichtiges Unterscheidungskriterium (Bild 6.3). Davon abhängig ist das Greiferprinzip.
Das Arbeitsprinzip "sequentielles Zuführen einzelner Bauelemente" eignet sich für Stationen mit einer großen Vielfalt von Bauelementetypen. Dieses Arbeitsprinzip ist durch einen Zwischenschritt zum Richten der Bauelemente in einer zentralen Richtplatte gekennzeichnet. In diesem Zwischenschritt können zahlreiche Funktionen realisiert werden, die beim Arbeitsprinzip "Simultanes Zuführen mehrerer Bauelemente" nur mit hohem Aufwand oder nur außerhalb der Bestückstation möglich sind:

- Ausgleich der Lagetoleranzen der Anschlußdrähte durch einen schwimmenden Greifer,
- Formen (Abschneiden der Anschlußdrähte) und
- Prüfen des Bauelementes.

Das Greiferprinzip "Einfachgreifer" ermöglicht taktile Sensoren im Greifersystem und ein automatisches Wechseln der Greiferbacken.
Um hohe Bestückleistungen realisieren zu können, muß das Arbeitsprinzip "Simultanes Zuführen mehrerer Bauelemente" gewählt werden, da so der Taktzeitanteil für das Verfahren zwischen der Bauelementbereitstellung und der Bestückposition bei einem n-fachen Greifer um das n-fache reduziert werden kann. Da das Lösungsprinzip "schwimmender Greifer" bei Mehrfachgreifern nicht durchgeführt werden kann, muß die Richtplatte schwimmend gelagert sein.
Der Ausgleich der Lagetoleranzen der Anschlußdrähte ist dann relativ aufwendig, da die Auslenkung der schwimmenden Richtplatte gemessen werden muß /52/. Mehrfachgreifer sollten deshalb vorzugsweise bei Bauelementen, die an den Anschluß-

drähten gegriffen werden können, angewandt werden, so daß ein
Ausgleich von Rastermaß- und Lagetoleranzen der Anschlußdrähte entfallen kann.

Teilfunktionen	Bauelement vorbereiten		Sequentielles Zuführen einzelner Bauelemente — Hohe Flexibilität	Simultanes Zuführen mehrerer Bauelemente — Hohe Bestückrate
	Bauelement vorbereiten	Bauelement kontrollieren	− Zentrale, flexible Prüf-einrichtungen / ● In die Richtplatte integrierte Prüfeinr.	− Außerhalb der Bestück-station / ● Prüfeinr. in die Bauele-mentezuführung integr.
		Formen der Anschlußdrähte	− Zentrale, flexible Schneideeinrichtung / ● Schneideeinrichtung in der Richtplatte	● Außerhalb der Bestück-station
		Ausgleich der Rastermaß-toleranzen	● Feste, zentrale Richtplatte	● Schwimmende Richt-platte, in die Bauele-mentzuführung integr.
	Ausgleich der Lage-toleranzen der Anschlußdrähte		● Während des Richtens, durch schwimmenden Greifer	● Positionskorrektur ent-spr. der Auslenkung der schwimmenden Richt-platte
	Ausgleich der Toleran-zen von Leiterplatten u. des Bestücksystems		− CCD-Kamera / ● Vier-Quadranten-Sensor / ● Taktiler Sensor	− CCD-Kamera
	Einsetzen		● Bestückroboter mit Einfachgreifer	● Bestückroboter mit Mehrfachgreifer
	Befestigen		− Robotergeführtes Biegewerkzeug / ● Biegewerkzeug an progr. Linearachsen	− Feststehender Biegewinkel / ● Biegewerkzeug an progr. Linearachsen
	Kontrollieren		● Taktiler Sensor im Greifersystem	● Taktiler Sensor im Biegewerkzeug

● Ausgewählt

− Nicht berücksichtigt

Bild 6.3: Systeme zum Vorbereiten und Fügen von Bauelementen

6.2 Integration zu Gesamtsystemen

6.2.1 Kombinationsmöglichkeiten

Die in 6.1 ausgewählten Lösungen für Teilfunktionen sollen so miteinander kombiniert werden, daß sich wenige, universell einsetzbare Standardlösungen ergeben, die das Problemfeld der Sonderbauelementebestückung mit und ohne Einzellöten möglichst vollständig abdecken.
Für die verschiedenen Konzeptvarianten werden deshalb die wichtigsten Systemmerkmale vorgegeben (Bild 6.4).
Bei der Kombination von Einzellösungen muß ihre gegenseitige Verträglichkeit beachtet werden. Hierzu sind folgende Kriterien zu berücksichtigen:

- Alle Teilsysteme und Komponenten sollen gleichmäßig hoch ausgelastet sein.

- Die Flexibilität der einzelnen Teilsysteme und Komponenten muß aufeinander abgestimmt sein.

- Bei Stationen mit dem Arbeitsprinzip "sequentielles Fügen einzelner Bauelemente" sollte der Bestückroboter für möglichst viele Funktionen genutzt werden, um den Aufwand für die Peripherie zu reduzieren und somit eine Wirtschaftlichkeit auch bei geringer Bestückrate zu erreichen.

- Bei Stationen mit dem Arbeitsprinzip "simultanes Fügen mehrerer Bauelemente" muß versucht werden, durch gezielte Einschränkung der Flexibilität und einen höheren Aufwand für die Peripherie eine hohe Bestückleistung und damit auch Wirtschaftlichkeit zu erreichen.

- Für Bestücksysteme mit Einzellöten sollte ein Inselbetrieb vorgesehen werden, da für das Löten die Leiterplatte gewendet werden muß. In Bestücksystemen mit direkt verket-

- 86 -

teten Bestückstationen ist es günstiger, das Bestücken der Leiterplatte und das Einzellöten in gesonderten Stationen vorzunehmen.

Legende:
- ● ausgewählt
- — nicht berücksichtigt
- B für Bestückroboter
- HR für Handhabungsroboter

Anzahl bereitgestellter BE-Typen	Interner aut. Transport der Leiterplattenmagazine	Einzellöten	Simultanes Zuführen	Sequentielles Zuführen	Inselbetrieb	Verkettetes System	Konzeptvarianten	Mehrfach-Bestückgreifer	Einfach-Bestückgreifer	Lötwerkzeug	Leiterplattengreifer	Magazingreifer	Werkzeugwechselsystem	Greiferbackenwechselsystem	Transportband und Indexiervorrichtung	Einzweckleiterplattenzuführung	Übergabestelle für Flurförderzeug	Flachmagazine	Schachtmagazine	Schwimmende Richtplatte	Feste, zentrale Richtplatte mit Prüfeinrichtung	Richtplatte und Prüfeinrichtung in den Bauelementezuführungen
10	—	—	—	—	—	●	I	—	B	—	—	—	—	—	●	—	—	—	—	—	—	●
5	—	—	—	●	—	●	II	B	—	—	—	—	—	—	●	—	—	●	—	●	—	—
10	—	—	●	●	●	—	III	—	B	B	B	—	B	B	—	—	—	●	—	—	●	—
10	—	●	—	●	●	—	IV	—	B	—	—	—	B	—	—	●	●	●	—	—	●	—
20	●	●	—	●	●	—	V	—	B	—	HR	HR	B/HR	B	—	—	●	●	●	—	●	—

Spaltengruppen: Systemmerkmale (Anzahl … Verkettetes System); Roboterwerkzeuge (Mehrfach-Bestückgreifer … Greiferbackenwechselsystem); Transportsysteme (Transportband … Übergabestelle für Flurförderzeug); Teile-bereitstellung [1] (Flachmagazine, Schachtmagazine); Systeme zur BE-Vorbereitung (Schwimmende Richtplatte … Richtplatte und Prüfeinrichtung in den Bauelementezuführungen).

[1] Gurtzuführsysteme und Vibrationswendelförderer in allen Konzeptvarianten

BE...Bauelement

Bild 6.4: Wesentliche Merkmale unterschiedlicher Standardlösungen und daraus abgeleitete Teillösungen

6.2.2 Aufstellen von Gesamtkonzepten

Durch die Kombination von Teillösungen unter Berücksichtigung der geforderten Systemmerkmale (Bild 6.4) können Konzepte für Gesamtsysteme erarbeitet werden.

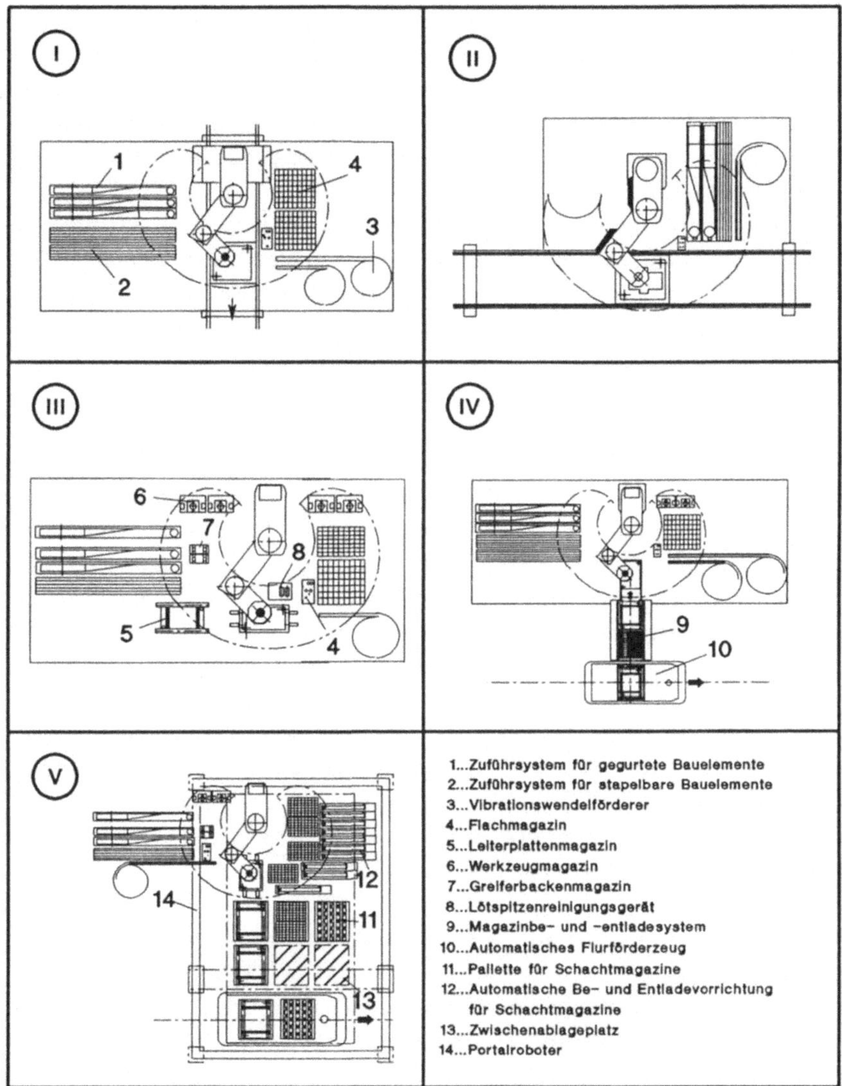

Bild 6.5: Gesamtkonzepte für flexible Bestückstationen für Sonderbauelemente

Bei allen Gesamtkonzepten erfolgt das Zuführen zum Fügen und das Fügen durch einen Bestückroboter. Mögliche Systemlösungen mit mehreren Bestückrobotern innerhalb einer Station oder Sonderkonstruktionen mit mehreren miteinander kombinierten programmierbaren Achsen werden nicht berücksichtigt, da sie durch die Anforderungen an das Gesamtsystem (Bild 4.2) ausgeschlossen werden.

Die fünf aufgestellten Gesamtkonzepte (Bild 6.5) wurden so ausgelegt, daß mit geringem Planungsaufwand ein Anpassen an die jeweiligen betrieblichen Randbedingungen möglich ist.

6.2.3 Bewertung der Gesamtkonzepte

Die Bewertung der fünf Gesamtkonzepte soll nicht zur Auswahl einer optimalen Lösung einer flexiblen Bestückstation für Sonderbauelemente dienen. Es werden vielmehr typische Eigenschaften der einzelnen Alternativen aufgezeigt, so daß im konkreten Anwendungsfall eine Auswahl und Bestimmung notwendiger Anpassungen vorgenommen werden kann.

Zur Berechnung der Taktzeit wurde für die Konzeptvarianten ein bestimmter Montageumfang (Anzahl bestückter Bauelemente) entsprechend der Anzahl bereitgestellter Bauelementtypen angenommen. Der typische Bestückzyklus wurde in Teilfunktionen aufgeschlüsselt, deren Taktzeitanteile durch Versuche ermittelt wurden, oder leicht abschätzbar waren.

Durch die Unterscheidung von Teilfunktionen in

- Primärmontagevorgänge (Bestückfunktionen, einschließlich Löten) und
- Sekundärmontagevorgänge (Greiferwechsel, Greiferbackenwechsel, Be- und Entladen von Leiterplatten)

nach /53/ kann der Nutzungsanteil für Bestückfunktionen bestimmt werden (siehe Bild 6.6).

- 89 -

Konzeptvarianten ⇨		I	II	III	IV	V
Bestückfunktion	Bauelement aufnehmen [1]	0,4 [4] 20	0,4 [4] 10	0,2 20	0,2 20	0,2 40
	Richten [1]	— 	— 	1,3 20	1,3 20	1,3 40
	Verfahren [1]	2,3 4	2,3 10	2,6 20	2,6 20	2,6 40
	Einsetzen [1]	0,3 20	0,3 10	0,3 20	0,3 20	0,3 40
	Löten einer Lötstelle [2]	—	—	2,5 1,5	—	—
Hilfs-funktionen	Greiferbackenwechsel [3]	—	—	6 1	—	6 4
	Greiferwechsel Bestückroboter [3]	—	—	8 2	8 1	—
	Be- und Entladen der LP [3]	5 1	5 1	12 1	4 1	6 1
Taktzeit t in [s] $\bar{=} \; t_f * n_f$		28,2	33	160,5	76,6	206
Anzahl bestückter Bauelemente pro Bestückzyklus		20	10	20	20	40
Bestückrate in [BE/h] [5]		2553	1090	449	939	700
Nutzungsanteil für Bestückfunktionen [5]		82 %	86 %	78 %	84 %	85 %

obere Zelle:
→ t_f Taktzeitanteil in [s]

untere Zelle:
→ n_f Häufigkeit pro Bestückzyklus

Annahmen:

- Es werden durchschnittl. 2 BE pro BE-Typ bestückt

- Es werden durchschnittl. 1/4 der BE an 3 Drähten angelötet

- 5 BE-Typen je Greiferbackentyp/ Greifertyp

BE...Bauelement
LP...Leiterplatte

1) Bei der Erprobung des schwimmenden Greifers ermittelte Werte
2) Bei der Erprobung des Weichlötens ermittelte Werte
3) Schätzwerte
4) Einschließlich eines Taktzeitanteils von 0,2 s für das Richten in der BE-Bereitstellung
5) Ohne Berücksichtigung von Störungen und Zeiten zur Lötspitzenreinigung

<u>**Bild 6.6:**</u> Bestückrate und Nutzung des Bestückroboters für unterschiedliche Konzeptvarianten

Um eine Systemauswahl und Bestimmung notwendiger Anpassungen für bestimmte Problemstellungen zu ermöglichen, wurden die wichtigsten Eigenschaften der Konzeptalternativen bestimmt (Bild 6.7).
Dabei wurde die Flexibilität der Systeme aufgezeigt.

Kriterium \ Gesamtlösung Nr.	I	II	III	IV	V
Bedienerfreies Arbeitsintervall	bis 30 min	bis 1 h	bis 20 min	bis 1 h	bis 8 h
Steuerungsaufwand	gering	gering	mittel	hoch	hoch
Geschätzte Investitionskosten	46 %	20 %	30 %	70 % [2]	100 % [2]
Flexibilität bezgl. – LP-Stückzahlanteile [1]	mittel	gering	hoch	hoch	hoch
Zusätzl. Montageprozesse	gering	mittel	hoch	mittel	mittel
Manueller Umrüstaufwand — Greifer/ Greiferbacken	hoch	mittel	—	—	—
Manueller Umrüstaufwand — Bauelementezuführsysteme	mittel	hoch	mittel	mittel	gering
Manueller Umrüstaufwand — System zur LP-Handhabung	hoch	hoch	gering	mittel	—

[1] unter Berücksichtigung der Verkettung mit anderen Stationen
[2] ohne automatisches Flurförderzeug

<u>Bild 6.7:</u> Eigenschaften von Gesamtkonzepten für flexible
Bestückstationen für Sonderbauelemente

Aus der Entwicklung und der anschließenden Bewertung der
Gesamtkonzepte ergeben sich folgende wichtige Erkenntnisse:

- Bei Stationen im Inselbetrieb kann mit geringem Aufwand
  eine hohe Flexibilität in bezug auf Leiterplattenstückzahl-
  anteil und Umrüstaufwand erreicht werden (Konzepte III und
  IV). Sie können produktneutral eingesetzt werden. Pro-
  duktneutraler Betrieb heißt, daß ein gegebenes Bauelemen-
  tesprektrum für eine Vielfalt von Produkten auf mehrere
  Bestückstationen verteilt wird /49/. Die Bestückstationen
  haben im Idealfall ein "festgerüstetes" Bauelementespektrum. Die einzelnen Leiterplatten müssen entsprechend der
  vorgesehenen Bauelemente Bestückstationen durchlaufen, die
  diese Bauelemente anbieten. Dies führt zu unterschiedlichen
  Arbeitsinhalten in den Bestückstationen. Durch den produkt-
  neutralen Betrieb ist eine Automatisierung der Sonder-

bauelementebestückung auch für ein Leiterplattenspektrum
mit vielen Varianten wirtschaftlich möglich.

- Verkettete Stationen müssen durch die Taktbindung genau
  aufeinander abgestimmt werden. Die Bestückstationen müssen
  für spezielle Leiterplatten und Bauelemente ausgelegt sein.
  Eine hohe Umbauflexibilität muß angestrebt werden (Konzepte
  I und II).

- Für durchgängig automatisierte Bestücksysteme mit Inselbetrieb, bei denen die Teilebereitstellung durch fahrerlose
  Flurförderzeuge oder Verschiebewagen erfolgt, kann durch
  den Einsatz eines zusätzlichen Handhabungsroboters (z.B.
  Portalroboters) erheblicher Aufwand für Einzweckautomati-
  sierung eingespart werden (Konzept V).

Für verkettete Bestückstationen (Konzepte I und II) sind
wesentliche Komponenten wie Mehrfachgreifer und Leiterplat-
tentransportsysteme vorhanden und erprobt.
Bei flexiblen Bestückstationen im Inselbetrieb (Konzepte III,
IV und V) sind notwendige Roboterwerkzeuge mit ausreichender
Flexibilität noch nicht vorhanden. Insbesondere Greifersy-
steme für das Bestücken müssen noch entwickelt und erprobt
werden. Dies gilt auch für Komponenten wie:

- Greifer zur Handhabung von Transportbehältern für Leiterplatten und Bauelemente,
- Greifer für einzelne Leiterplatten,
- robotergeführte Lötwerkzeuge für das Einzellöten.

Dem wird durch die Entwicklung eines Bestückgreifers (siehe
Kapitel 7) und seine Erprobung zusammen mit einem neuent-
wickelten Leiterplattengreifer und Lötwerkzeug Rechnung
getragen. Hierzu wird ein flexibles Bestücksystem, in welchem
alle Komponenten einbezogen sind, als Versuchsaufbau realisiert (Kapitel 8).

7.1   Teilfunktionen und Teilsysteme

Aus den Teilfunktionen eines Bestücksystems (Bild 4.1), den ausgewählten Verfahren zum Ausgleich von Rastermaßtoleranzen und Lagetoleranzen der Anschlußdrähte (Bild 5.1) und den Systemen zum Vorbereiten und Fügen von Bauelementen (Kapitel 6.1.3) lassen sich folgende notwendige Teilsysteme ableiten:

- Toleranzausgleichssystem,
- Einfederungssystem mit Fügekraftmessung,
- Greifsystem und
- Steuerungssystem.

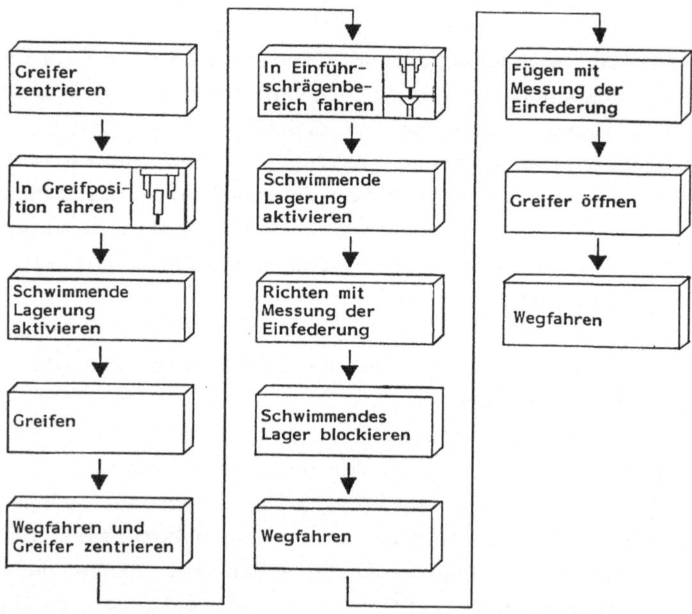

Bild 7.1: Funktionsablauf eines Greifersystems für das Bestücken von Sonderbauelementen

Die Teilfunktionen, die durch die oben erwähnten Teilsysteme
erbracht werden müssen, ergeben sich aus dem Funktionsablauf
beim Einsetzen von Bauelementen (Bild 7.1).

7.2 Einfluß der bewegten Masse beim Richten

7.2.1 Vorgänge beim Richten

Für die konstruktive Auslegung des Bestückgreifers müssen die
Werte für die während des Toleranzausgleichs bewegte Masse
eingegrenzt werden.
Die theoretische Untersuchung (Bild 7.2) zeigt, daß während
des Richtens mit einer plastischen Verformung der Anschlußdrähte gerechnet werden muß. Hierbei wird der ungünstigste
Fall angenommen, der dann auftritt, wenn ein Anschlußdraht
aufgrund

- größter Länge "l" und
- größter Auslenkung "s"

die Kraft zur Beschleunigung der bewegten Masse des Greifersystems allein aufbringen muß.
Bei den Berechnungen wurde das Spiel zwischen Bauelementdraht
und Richtbohrung vernachlässigt.
Die Bedingung für eine nur elastische Verformung

$$m_G \cdot a_x < F_{el}$$

muß durch das neu entwickelte Greifersystem erfüllt werden.
Für die maximal zulässige bewegte Masse ergibt sich für die
Annahmen in Bild 7.2:

$$m_G \leq \frac{\sigma s \cdot \pi/32 \cdot d^3}{l \cdot a_x} = 0,444 \text{ kg}$$

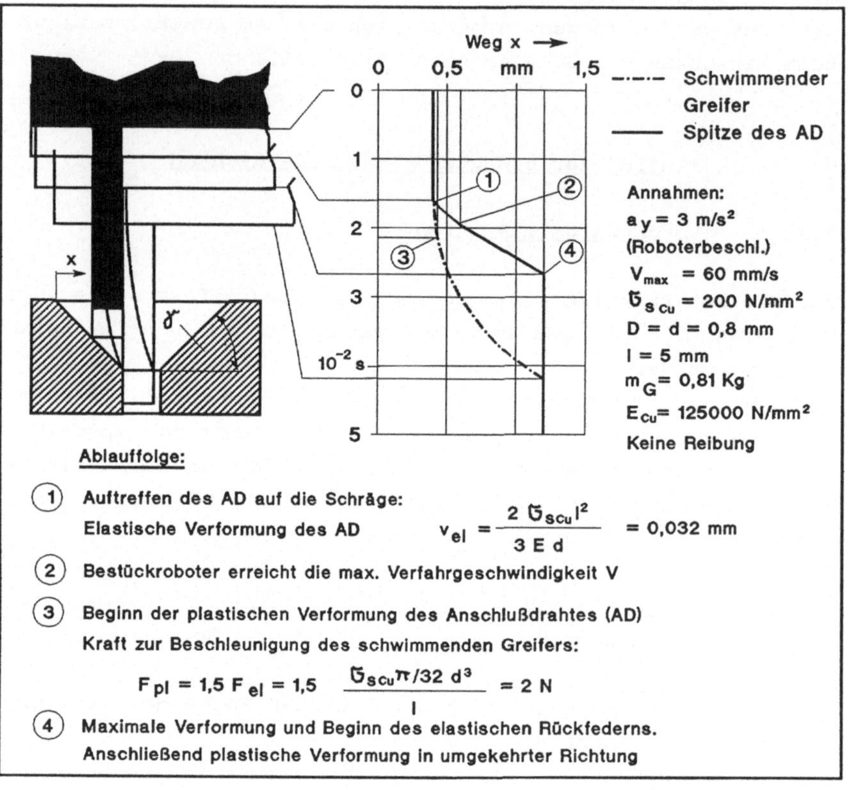

Ablauffolge:

① Auftreffen des AD auf die Schräge:
Elastische Verformung des AD

$$v_{el} = \frac{2\,\sigma_{sCu}\,l^2}{3\,E\,d} = 0{,}032 \text{ mm}$$

② Bestückroboter erreicht die max. Verfahrgeschwindigkeit V

③ Beginn der plastischen Verformung des Anschlußdrahtes (AD)
Kraft zur Beschleunigung des schwimmenden Greifers:

$$F_{pl} = 1{,}5\,F_{el} = 1{,}5\,\frac{\sigma_{sCu}\,\pi/32\,d^3}{l} = 2 \text{ N}$$

④ Maximale Verformung und Beginn des elastischen Rückfederns.
Anschließend plastische Verformung in umgekehrter Richtung

Bild 7.2: Vorgänge beim Richten

7.2.2 Versuche zur Verformung der Anschlußdrähte

In der durchgeführten Berechnung wurde ein reibungsfreier und spielfreier Richtvorgang angenommen. Zur Untersuchung der Vorgänge beim Richten unter Realbedingungen und zur Bestätigung der Rechenergebnisse wurden Versuche mit unterschiedlichen bewegten Massen und Neigungswinkeln der Einführschrägen durchgeführt.

Um die bewegte Masse leichter verändern zu können, wurde im Versuchsaufbau nicht der Greifer, sondern die Richtplatte in einer Richtung beweglich ausgeführt. Die Auslenkung der Richtplatte wurde mit einem hochauflösenden Linearpotentiometer gemessen. Das Weg-Zeit-Diagramm wurde mit einem Speicheroszilloskop aufgenommen und auf einem Plotter ausgegeben (Bild 7.3).

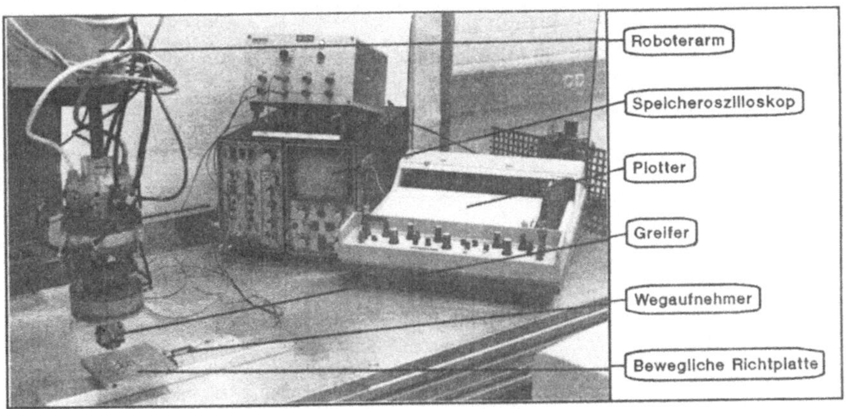

Bild 7.3: Versuchsaufbau zur Untersuchung der Verformung
von Anschlußdrähten

Die Versuchsergebnisse (Bild 7.4) zeigen, daß es bei der Auslenkung der Richtplatte durch das Spiel in der Richtbohrung zu einem Überschwingen kommt, welches wiederum zu plastischer Verformung der Anschlußdrähte führt.
Die geringste plastische Verformung der Anschlußdrähte tritt bei einer Einführschräge mit $\gamma = 60^{\circ}$ auf. Dies bedeutet jedoch eine große Tiefe t der Einführschräge, und damit keine befriedigenden Richtergebnisse (siehe Bild 5.5). Für die zweite Versuchsreihe wurde deshalb eine Einführschräge mit $\gamma = 45^{\circ}$ angenommen.
Die Versuchsergebnisse zeigen, daß die plastischen Verformungen bei einer bewegten Masse von 0,4 kg noch hinreichend

gering sind. Eine bewegte Masse von 0,8 kg, die für das Greifersystem einen stark reduzierten konstruktiven Aufwand bedeutet hätte, führte zu deutlich höheren plastischen Verformungen. Für die Auslegung des Greifersystems wurde deshalb die bewegte Masse auf 0,4 kg begrenzt.

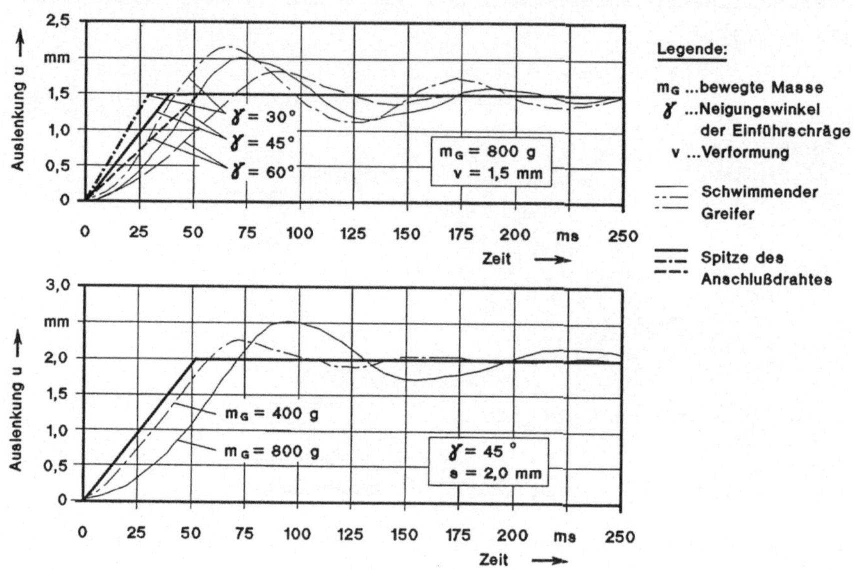

Bild 7.4: Weg-Zeit-Diagramm des Richtvorgangs

7.3 Konstruktive Gestaltung

7.3.1 Einfederungsmodul und Toleranzausgleichsmodul

Die Verwirklichung der freien Bewegungsmöglichkeit mit geringen Verschiebe- und Rückstellkräften läßt mehrere Lösungsmöglichkeiten zu (Bild 7.5). Infolge der zu hohen Rückstellkräfte, insbesondere gegen eine Verdrehung, wurden Aufhängungen mit Schrauben- oder Blattfedern nicht weiterverfolgt.

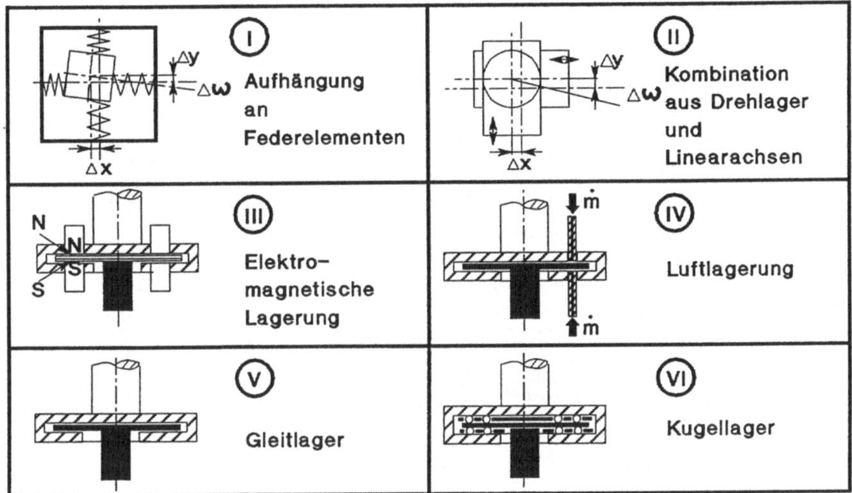

Bild 7.5: Lösungsmöglichkeiten für ein frei bewegliches Lager

Eine vollständig reibungsfreie Lagerung ermöglichen nur die Lösungsprinzipien III und IV /54/. Das Lösungsprinzip V mit Gleitlagern führt zu hohen Reibkräften und muß deshalb ausgeschlossen werden.

Lösungsprinzip VI läßt sich mit begrenztem Aufwand realisieren, da Rollenlagerungen Standardkomponenten darstellen. Es kann jedoch nur eine begrenzte Kompaktheit erreicht werden, gleichzeitig wird die Masse der bewegten Teile relativ hoch. Für das Lösungsprinzip III ist aus der Literatur eine erprobte Konstruktion bekannt /55/, die aber keine kompakten Abmessungen aufweist. Sie wurde für ein spezielles Bauelementespektrum entwickelt (Custom Leaded Components). Kompakte Abmessungen und eine geringe Masse des bewegten Teiles ermöglicht dagegen das Lösungsprinzip IV (Bild 7.5). Der bewegte Teil kann in jeder Position durch Abschalten der Druckluftversorgung an einer Seite des Luftlagers festgespannt werden. Eine Zentriereinrichtung zur Herstellung einer definierten Position kann mit geringem Aufwand realisiert werden.

Bei der konstruktiven Gestaltung (Bild 7.6) wurde auch das Einfederungssystem in die Baugruppe integriert, sodaß eine geringe Bauhöhe realisiert werden konnte.

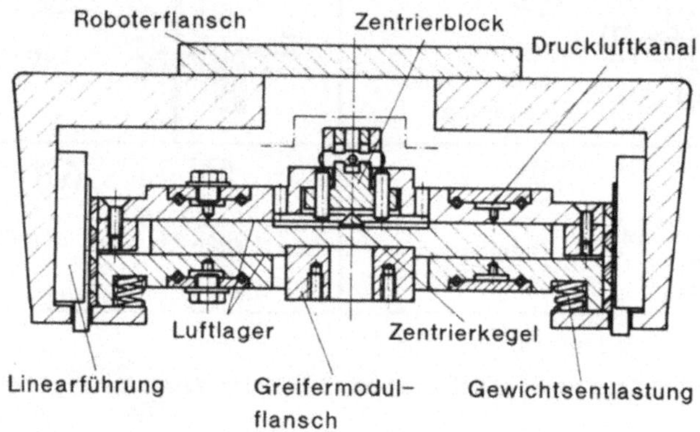

Bild 7.6: Toleranzausgleichssystem mit Luftlagerung und integriertes Einfederungssystem

Das Toleranzausgleichssystem besteht aus einem Lagergehäuse und einer Lagerplatte. Die Lagerplatte ist im Lagergehäuse beidseitig durch eine laminare Luftströmung reibungsfrei gelagert und in allen Richtungen innerhalb der xy-Ebene beweglich. Die Blockierung der Lagerplatte wird durch einseitiges Abschalten der Luftzufuhr hervorgerufen. Eine Zentrierung der Lagerplatte erfolgt durch zwei Zentrierkegel, die durch einen doppelwirkenden Pneumatikzylinder bewegt werden.

7.3.2 Greifsysteme

Die Gestaltung des Greifsystems wird entscheidend vom

gewählten Lösungsprinzip für die Funktion der programmierbaren Greifkraft beeinflußt. Aus der Literatur sind Versuche zur Greifkraftregelung durch die Begrenzung der Stromaufnahme des elektrischen Antriebsmotors bekannt. Mit diesem Lösungsprinzip ist eine Verfahrgeschwindigkeit von mehr als 60 mm/s nicht realisierbar /56/.

Für die weiteren Entwicklungen wurden deshalb Kraftmeßelemente im Kraftfluß des Greifers bevorzugt.

Prinzipiell kann jedes Kraftmeßelement als Federelement mit Wegmeßsystem betrachtet werden. Für die Anordnung im Kraftfluß ergeben sich drei Alternativen (Bild 7.7).

Lösungsprinzip	Anforderungen an Kraftmeßelemente	Mögliche Kraftmeßelemente
I Unsymmetrische Anordnung eines Kraftmeßelementes	Ein zentrisches Greifen erfordert sehr kleine Federwege (<0,05 mm)	– Piezoelemente in den Greiferbacken – Dehnmeßstreifen am Greiferschaft
II Kraftmeßelemente in beiden Greiferbacken	Um ein großes Auswandern der Mittelposition bei ungleichen Federkennlinien zu verhindern, sind kleine Federwege (<0,2 mm) erforderlich.	
III Zentrales Kraftmeßelement	Großer Federweg (>1 mm) zur Reduzierung bzw. Vermeidung des Aufwands für die Regelung des Antriebsmotors	– Federelement mit Wegmeßsystem

<u>Bild 7.7:</u> Lösungsprinzipien zur Greifkraftkontrolle

Die Lösungsprinzipien I und II lassen als Kraftaufnehmer nur Elemente mit sehr kleinen Federwegen (< 0,2 mm) zu.

Dies bedeutet, daß während des Greifvorgangs die Greifkraft sehr steil ansteigt, sobald die Greiferbacken am Werkstück anliegen. Die Regelung des Antriebsmotors ist bei der geforderten hohen Verfahrgeschwindigkeit der Greiferbacken sehr aufwendig /57/.

Lösungsprinzip III erlaubt durch die zentrale Anordnung ein Kraftmeßelement mit größeren Federwegen.

Bei den erarbeiteten Konzeptvarianten wurde dieses Lösungsprinzip bevorzugt, da hier auf eine Regelung des Antriebsmotors sogar ganz verzichtet werden kann. Bedingung sind Federelemente mit definierter Federkennlinie und definierte Werkstückabmessungen bzw. Greiferöffnungen. Beide für das Lösungsprinzip III ausgearbeiteten Konzeptvarianten weisen gängige Maschinenelemente auf (Bild 7.8). Da pneumatische und hydraulische Antriebe zur Realisierung einer programmierbaren Greifkraft einen sehr hohen konstruktiven und regelungstechnischen Aufwand erfordern, sind elektrische Antriebe zu bevorzugen /58/.

Bei beiden Konzeptvarianten ist der Antriebsmotor linear gegen eine Druckfeder verschiebbar.

Die Konzeptvariante I kann wesentlich kompakter und leichter realisiert werden. Die Greiferbacken werden hierbei durch zwei Gewindetriebe mit gemeinsamer Achse angetrieben. Der Antriebsmotor ist auf einer Führung in Achsrichtung des Motors montiert. Die Antriebsbewegung des Motors wird durch ein Schneckengetriebe auf die Gewindetriebe übertragen. Sobald die Greiferbacken am Greifobjekt anliegen, steigt die Axialkraft im Schneckengetriebe an, so daß der Antriebsmotor gegen eine Druckfeder verschoben wird. Die Greifkraft steigt somit linear mit ansteigender Federkraft. Durch die hohe Gesamtübersetzung kann ein Antriebsmotor mit geringerem Drehmoment verwendet werden. Um eine genaue Kontrolle der Greifkraft zu gewährleisten, muß ein Gewindetrieb mit einem hohen Wirkungsgrad und hoher Steigung verwendet werden.

Als Antriebsmotor eignen sich Schrittmotoren oder Gleichstrom-Servomotoren /59/. Aufgrund seiner günstigen Außenab-

messungen wurde für die Realisierung der Konzeptvariante I
ein Schrittmotor verwendet.

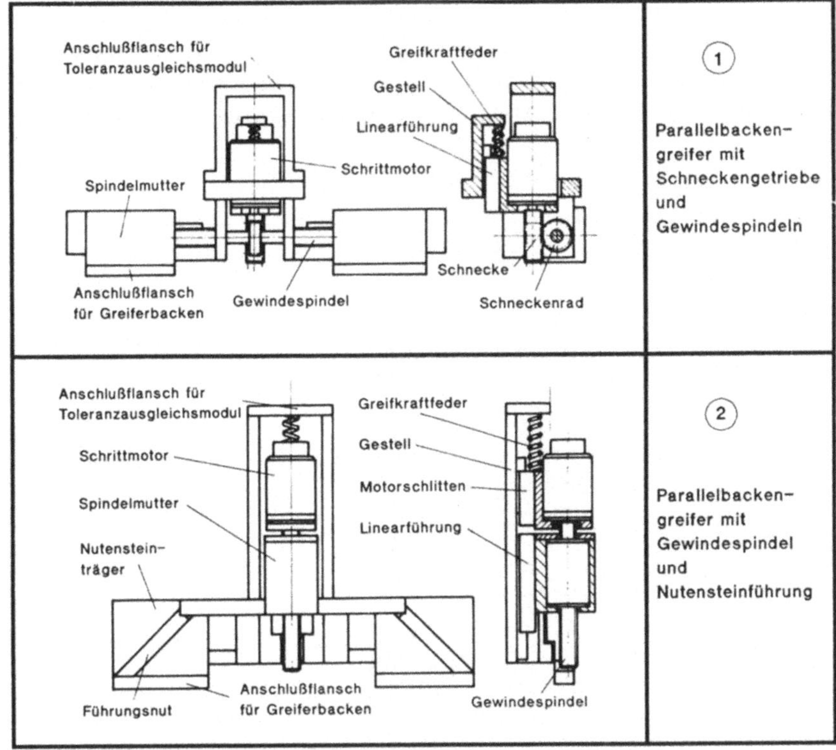

Bild 7.8: Konzeptvarianten zur Greifkraftkontrolle

7.4   Aufbau des Gesamtsystems

Aufbauend auf den entwickelten Teilsystemen wurde ein
Greifersystem realisiert. Es ist wesentlicher Bestandteil
einer flexiblen Bestückstation zur Durchführung von Versuchen. Das Greifersystem ermöglicht einen automatischen
Greiferbackenwechsel. Das Toleranzausgleichssystem ist

luftgelagert. Das Greifersystem ist über ein Greiferwechselsystem mit dem Roboterflansch verbunden. Pneumatische und
elektrische Energie sowie alle elektrischen Signale werden
über die Schnittstelle des Greiferwechselsystems übertragen.
Das Greiferbackenwechselsystem nutzt die programmierbare
Greiferöffnung und Funktion des Bestückroboters aus, so daß
keine externen Antriebs- und Steuerungselemente notwendig
sind.
Die schwimmende Masse des Greifersystems beträgt 0,39 kg und
führt zu geringen plastischen Verformungen der Anschlußdrähte
während des Richtens (siehe Bild 7.4).

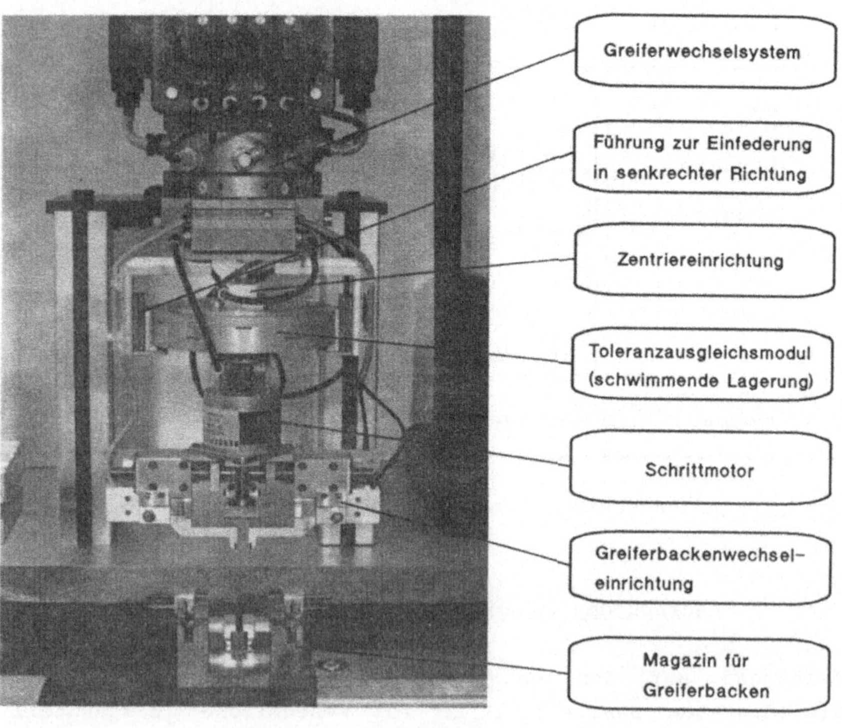

Bild 7.9: Prototyp eines Greifersystems zum Bestücken für
Sonderbauelemente

8   <u>Versuche mit einem flexiblen Bestücksystem für
        Sonderbauelemente</u>

8.1   <u>Festlegung des Produktspektrums und des Montage-
        umfangs</u>

Zur Erprobung der in Kapitel 5 entwickelten und ausgewählten
Verfahren und der in Kapitel 6 erarbeiteten Konzeptvarianten
wurde eine flexible Bestückstation realisiert. Weiterhin
wurden die Prototypen der hierfür neu entwickelten Roboterwerkzeuge,

- ein Greifersystem zum Bestücken (Kapitel 7),
- ein Lötwerkzeug und
- ein Leiterplattengreifer

unter praxisnahen Bedingungen getestet und erprobt.
Hierzu wurde aus der Gesamtmenge der analysierten Leiterplatten eine Leiterplatte ausgewählt und bei dieser der Montageumfang so festgelegt, daß sich in bezug auf

- Bauelementgeometrie (Abmessungen des Bauelementkörpers,
  Anzahl der Anschlußdrähte und Greiffläche),
- Bauelementtoleranzen und
- Leiterplattengeometrie (Greiferöffnungsfreiraum)

eine möglichst vielseitige Bestückaufgabe ergab, um Teilfunktionen genau analysieren zu können. Der Arbeitsinhalt mußte
hierfür jedoch beschränkt werden. Für den Praxiseinsatz sind
wesentlich größere Arbeitsinhalte vorzusehen.
Auf der Leiterplatte eines Produktes aus dem Bereich Telekom-
munikation (Bild 8.1) wurden insgesamt sechs Bauelemente
automatisch bestückt und drei davon durch Einzellöten be-
festigt. Die Leiterplatte aus glasfaserverstärktem Epoxid-
laminat (FR-4) hat gebohrte und durchkontaktierte Bestückbohrungen mit einem Durchmesser von 0,9 $\pm$ 0,05 mm.

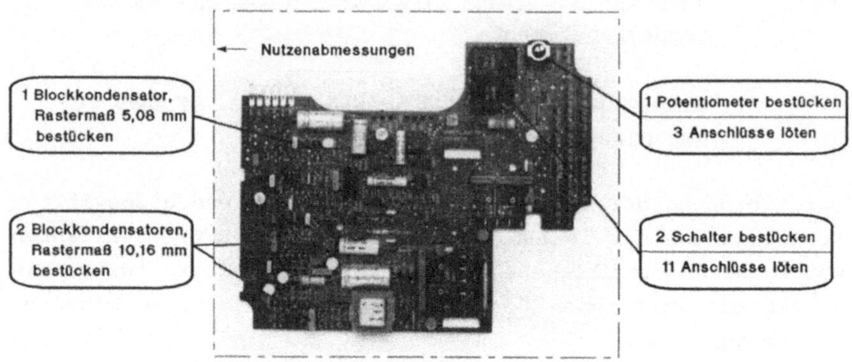

Bild 8.1: Montageumfang der durchgeführten Versuche

8.2 Aufbau des Bestücksystems

8.2.1 Gesamtaufbau

Das Bestücksystem (Bild 8.2) wurde so aufgebaut, daß die in Kapitel 6 ausgearbeiteten Konzeptvarianten für eine flexible Bestückstation für den Inselbetrieb erprobt werden konnten. Als Bestückroboter wurde ein Gerät mit Horizontal-Knickarm verwendet, das innerhalb der Bestückfläche eine ausreichende Positioniergenauigkeit von ± 0,05 mm aufwies, so daß bei den geringen Lageabweichungen der Bestückbohrungen von ± 0,05 mm ein Ausgleich der Toleranzen des Bestücksystems und der Leiterplatten entfallen konnte. Ein Portalroboter für reine Handhabungsfunktionen zur Teilebereitstellung und -zuführung ist als technische Standardlösung einzustufen und wurde deshalb nicht in das aufgebaute Bestücksystem einbezogen. Dies gilt auch für Flurförderzeuge und Transportbänder zum Bereitstellen von Teilen.

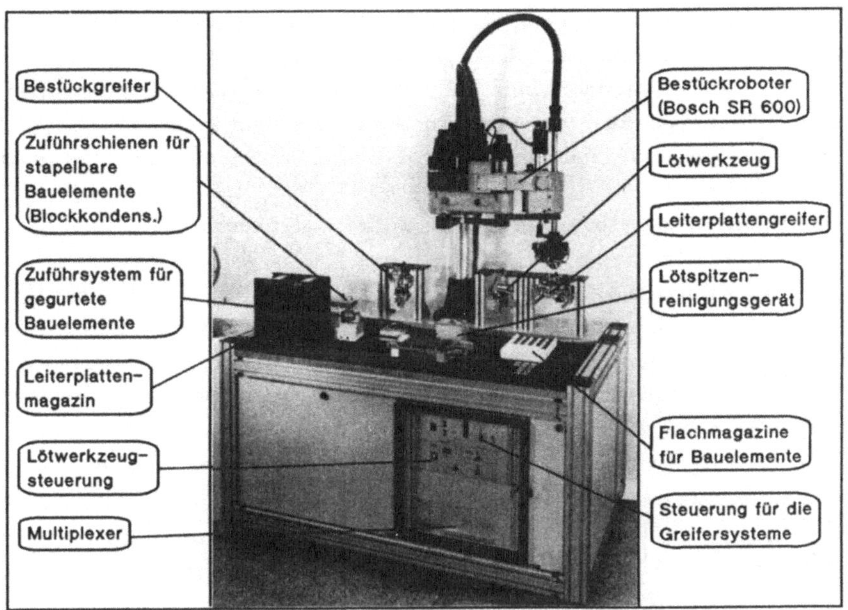

Bild 8.2: Aufbau des Gesamtsystems

8.2.2   Teilsysteme

8.2.2.1   Bereitstellen und Zuführen der Leiterplatten

Die Leiterplatten werden in einem Leiterplattenmagazin in waagrechter Lage bereitgestellt. Das verwendete Magazin hat eine Kapazität von 10 Leiterplatten. Die Handhabung der Leiterplatten wird durch den Bestückroboter durchgeführt. Durch das hierfür entwickelte Roboterwerkzeug (Bild 8.3) kann eine Leiterplatte aus dem Magazin entnommen und auf Indexier-stifte aufgesetzt werden. Dabei werden folgende Funktionen nacheinander durchgeführt:

- Verfahren des Greifers an die Leiterplatte,
- Greifen der Leiterplatte an der Randzone,
- Herausziehen der Leiterplatte aus dem Magazin mit gleichzeitiger Führung in Kunststoffschienen,
- Nach dem Erreichen der Soll-Position im Werkzeug, Spannen der Leiterplatte zwischen den Kunststoffschienen,
- Verfahren des Greifers an die Indexiereinrichtung für das Bestücken,
- Freigeben der Leiterplatte aus den Führungen.

Der Antrieb für die Verfahrbewegung des Greifers erfolgt durch einen Gleichstrom-Servomotor über eine Zahnstange. Die Länge und Breite der zu handhabenden Leiterplatten ist am Werkzeug einstellbar. Bei Verwendung eines Servomotors mit Wegmeßsystem kann der Verfahrweg des Greifers für unterschiedliche Leiterplattenlängen frei programmiert werden.

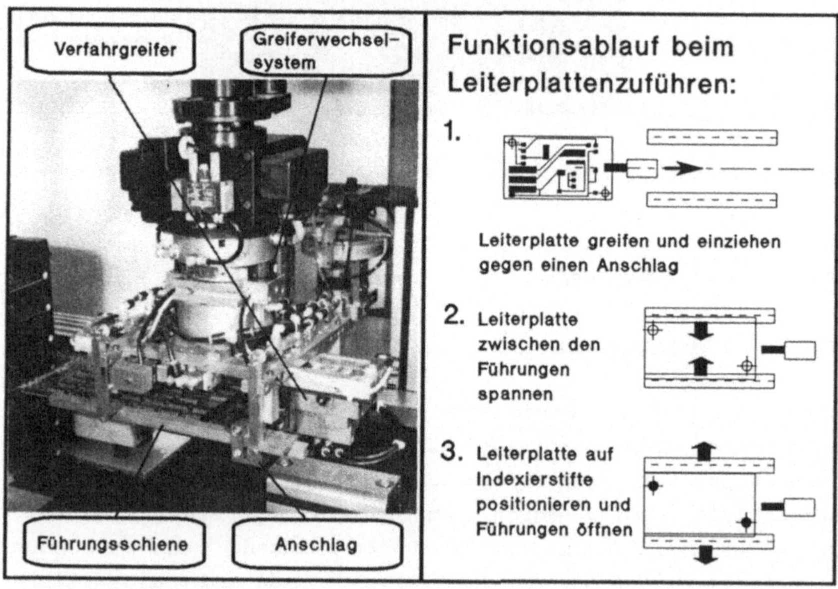

Bild 8.3: Greifwerkzeug zum Be- und Entladen von Leiterplattenmagazinen

8.2.2.2 <u>Bereitstellen und Zuführen der Bauelemente</u>

Für die Bereitstellung und Zuführung von Bauelementen wurden
je nach Anlieferungszustand verschiedene Prinzipien berücksichtigt:

- Blockkondensatoren mit dem Rastermaß 5 mm werden gegurtet
  bereitgestellt und durch ein Zuführsystem (Hersteller:
  Fa. Heller) dem Bestückroboter präsentiert.

- Verschiedene Blockkondensatortypen werden als Schüttgut
  bereitgestellt. Von den vorgesehenen Zuführungen durch
  Vibrationswendelförderer wurden nur die Austragschienen
  realisiert.

- Schalter und Relais werden in Flachmagazinen bereitgestellt. Die verwendeten Flachmagazine sind stapelbar. Sie
  haben einheitliche Aufnahmemaße und Greifflächen zur
  möglichen automatischen Handhabung. Die Magazininnenteile
  sind Formteile aus Styropor (Schäumverfahren) oder Kunst-
  stoff (Tiefziehverfahren oder Spritzgußtechnik).

8.2.2.3 <u>Handhaben und Toleranzausgleich zum Fügen</u>

Das Zuführen aller Bauelemente zum Vorbereiten und Fügen
erfolgt durch das in Kapitel 7 entwickelte Greifersystem
(Bild 7.9). Zwei unterschiedliche Greiferbacken kommen zum
Einsatz. Zusätzlich wurde das Greifersystem mit einem Vier-
Quadranten-Sensor der Fa. FP Electronic GmbH, Waldkirch
ausgerüstet.

8.2.2.4 <u>Sichern der Bauelemente in der Leiterplatte</u>

Das Sichern der Bauelemente durch Umbiegen der Anschlußdrähte unter der Leiterplatte wurde nicht durchgeführt. Die in Kapitel 5 hierfür vorgestellten Lösungen erfordern keine Erprobung.

Beim Bestücken mit Einzellöten erfolgt die Sicherung und Kontaktierung gleichzeitig durch eine Weichlötverbindung.

Das Einzellöten wird durch ein robotergeführtes Lötwerkzeug vorgenommen.

Das verwendete Lötwerkzeug (Bild 8.4) wurde ausgehend von den Erkenntnissen aus den Versuchen mit einem Funktionsmuster (Kapitel 5.3.2) weiterentwickelt. Gegenüber dem Funktionsmuster konnten kompaktere Abmessungen, eine geringere Masse und eine höhere Flexibilität verwirklicht werden /60/. Das Lötwerkzeug weist folgende Eigenschaften auf:

- programmierbare Lötmenge,
- in Stufen programmierbare Vorschubgeschwindigkeit,
- Messung der Anpreßkraft des Lötkolbens in x- und y-Richtung,
- in Stufen programmierbare Löttemperatur.

Auch das Lötwerkzeug ist über ein Greiferwechselsystem mit dem Bestückroboter verbunden. Hierbei sollte die Energieversorgung des Lötkolbens auch nach Ablage im Werkzeugmagazin aufrechterhalten werden, um Wartezeiten für das Aufheizen zu vermeiden.

8.2.2.5 Steuerung

Die Steuerung der Bestückstation besteht aus den Subsystemen:

- Zentralsteuerung,
- Ein- und Ausgabeeinheit zur Bedienung,
- Bestückroboter-Steuerung,
- Lötwerkzeug-Steuerung,
- Steuerung des Greifersystems zum Bestücken,

- Steuerung des Leiterplattengreifers,
- Arbeitsplatzrechner zur Roboterprogrammierung.

Gemäß den Anforderungen arbeiten die Subsysteme im Gesamtkonzept als autonome, in sich geschlossene Einheiten. Die Bedienung erfolgt bildschirmgeführt über eine Ein- und Ausgabeeinheit der Firma Pilz (Avisa), die auch eine einfache Betriebsdatenerfassung (BDE) erlaubt.
In die Robotersteuerung ist eine speicherprogrammierbare Steuerung integriert, die den Gesamtfunktionsablauf ermöglicht. Dieser kann in drei Hauptphasen eingeteilt werden, die in zeitlicher Reihenfolge ablaufen:

- Leiterplatten handhaben,
- Bauelemente einsetzen und sichern,
- Bauelementanschlüsse löten.

Die Weiterleitung der BDE-Daten erfolgt über eine serielle V24-Schnittstelle. Auch die Verknüpfung des Industrieroboters mit einem Arbeitsplatzrechner nach Industriestandard zur Programmierung erfolgt über eine V24-Schnittstelle. Die Programmierung der Lötvorgänge kann "Off-Line" vorgenommen werden. Alle durch das Lötwerkzeug ausführbaren und programmierbaren Lötparameter werden durch das "Off-Line"-Programmiersystem unterstützt. Weiterhin kann die Geometrie und Lage der unterschiedlichen Lötstellen komfortabel eingegeben werden. Dies ist in besonderem Maße durch die verwendete "Fenstertechnik" gegeben /61/.
Die Steuerungen der Roboterwerkzeuge sind mit der Industrierobotersteuerung über digitale Ein- und Ausgänge verknüpft.
Sie sind soweit autonom, daß einzelne Funktionen für den Einricht- und Erprobungsbetrieb sowie im Störfall manuell initiiert werden können.

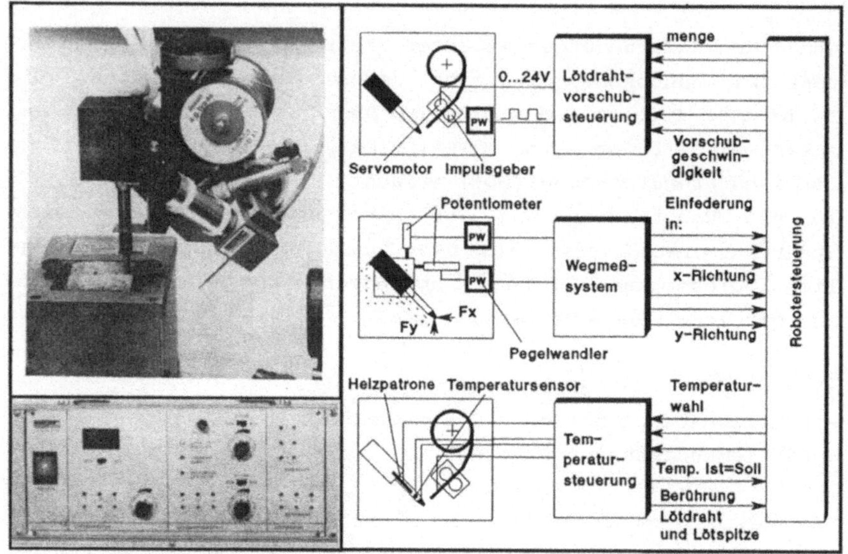

Bild 8.4: Lötwerkzeug mit Steuerung und Einrichtung zur Lötspitzenreinigung

8.3 Versuchsergebnisse

Bei der Planung von flexiblen Bestückstationen sind Prognosen über:

- die Taktzeit unterschiedlicher Funktionen,
- die Fehlerhäufigkeit,
- den erreichbaren Nutzungsgrad und
- den Einfluß der Leiterplattenqualität auf die Ausbringung

erforderlich. Die durchgeführten Versuche sollen hierfür Anhaltswerte liefern.

8.3.1   Taktzeitanteile wichtiger Funktionen

Die durchgeführte Taktzeitanalyse (Bild 8.5) zeigt, daß die reine Prozeßzeit für das Bestücken bzw. Löten mit 41 % einen hohen Anteil an der Gesamttaktzeit ausmacht. Der erforderliche Taktzeitanteil für Verfahrbewegungen des Bestückroboters beträgt 25,5 %. Dies bedeutet, daß auch durch Bestückroboter mit sehr hohen Beschleunigungen und Verfahrgeschwindigkeiten die Ausbringung flexibler Bestückzellen nicht wesentlich gesteigert werden kann.

Durch ein simultanes Zuführen mit einem Sechsfach-Greifer kann, gegenüber dem sequentiellen Zuführen der Bauelemente, die Bestückrate um rund 30 % gesteigert werden.

Beim Löten der Anschlußdrähte von Bauelementen kann die Taktzeit nur durch eine Reduzierung der Vorwärmzeit erreicht werden. Eine minimale Vorwärmzeit ist durch ein Vorbenetzen der Lötspitze und die Verwendung von Lötspitzen mit guter Wärmeübertragung möglich.

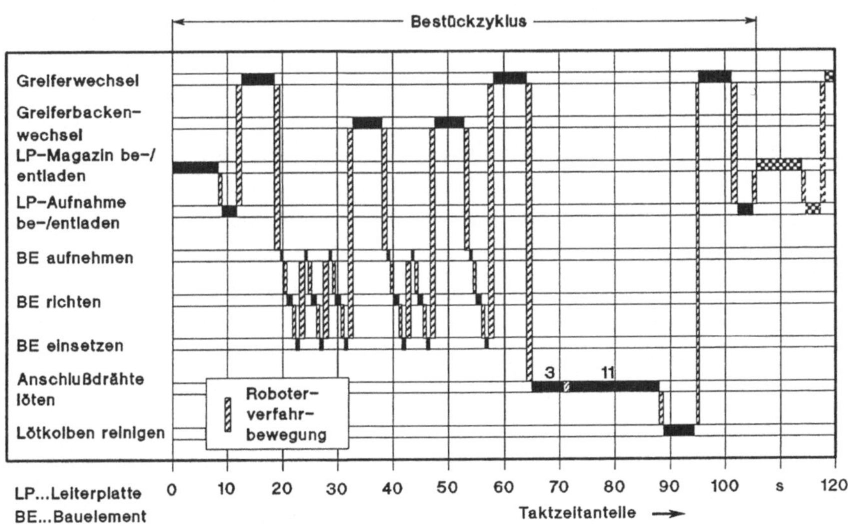

Bild 8.5: Taktzeitanteile wichtiger Funktionen am Gesamtmontageumfang einer Leiterplatte

8.3.2 <u>Nutzungsgrad und Fehlerhäufigkeit</u>

Beim Betrieb von Bestücksystemen ist die Fügesicherheit und Fehlerhäufigkeit eine wichtige Kenngröße.

Konventionelle Bestückautomaten weisen eine geringe Fügesicherheit auf, so daß es häufig zu Fehlbestückungen und daraus resultierenden Stillstandzeiten kommt. Auch bei Bestückautomaten für oberflächenmontierbare Bauelemente liegt die mittlere Zeit zwischen zwei Bestückfehlern, MTBF (Mean Time Between Failure), noch deutlich unter 10 min /37/.

In der realisierten Bestückstation konnte nach Optimierung einzelner Funktionen und Komponenten sowie der Fehlerbeseitigungsstrategien eine MTBF von ca. 30 min erreicht werden.

Die mittlere Zeit für die Fehlerbeseitigung lag bei 4 min, ca. 60 % aller Unterbrechungen konnten innerhalb einer Minute behoben werden.

Die Bestückstation ist damit wesentlich besser für einen bedienerarmen, autonomen Betrieb geeignet als konventionelle Bestückautomaten.

Die Untersuchung der Störungsursachen zeigt, daß viele Störungen nicht auf das Funktionsprinzip und die Positioniergenauigkeit des Bestückroboters zurückzuführen sind, sondern auf den "Prototypcharakter" einzelner verwendeter Komponenten (Bild 8.6). Mit überarbeiteten Konstruktionen kann die Fehlerhäufigkeit noch stark reduziert werden.

Problematischer sind Störungen in der Bauelementebereitstellung, da diese häufig auf mangelnde Qualität der Bauelemente zurückzuführen sind.

Im Nutzungsgrad drücken sich Störungen durch einen Anteil von 10 % aus (Bild 8.7).

Dieser Anteil kann im Praxiseinsatz jedoch stark zunehmen, da nicht immer ein sofortiger Bedienereingriff bei Störungen möglich ist.

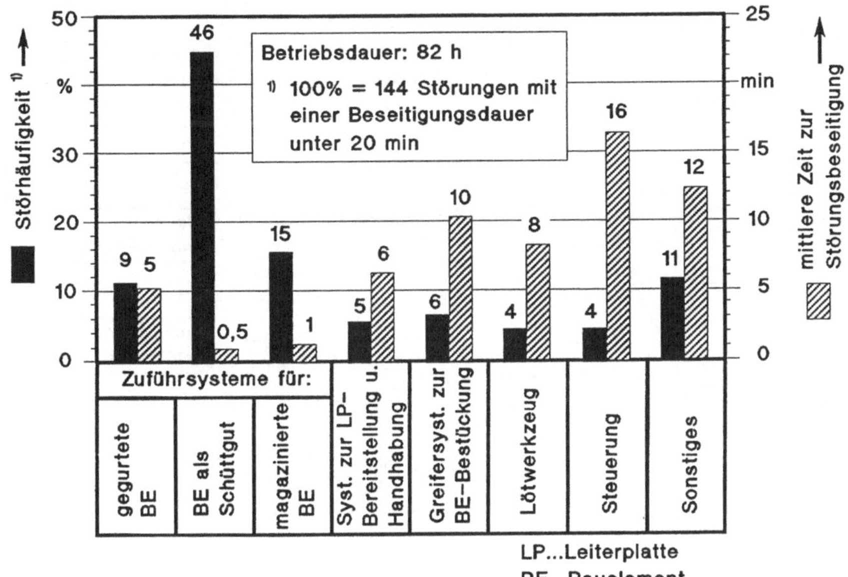

Bild 8.6: Störhäufigkeit und Störungsbeseitigungsdauer des aufgebauten Bestücksystems

Der Nutzungsanteil an direkten Bestückfunktionen beträgt beim vorliegenden Montageumfang nur 44 %. Dies ist auf den geringen Arbeitsinhalt zurückzuführen. Für das Konzept III (Bild 6.5) sind deshalb für einen wirtschaftlichen Betrieb größere Montageumfänge vorzusehen.
Neben der Erhöhung der Anzahl bestückter Bauelemente pro Leiterplatte, kann dies durch folgende Maßnahmen erreicht werden:

- Anlieferung kleiner Leiterplatten im Nutzen,
- Bestücken und Löten mehrerer Leiterplatten hintereinander.

Bei der Betrachtung des Nutzungsgrades wurde die erforderliche Zeit zum Programmieren (Teach-In) und Testen nicht berücksichtigt. Abhängig von den zu programmierenden Bestückaufgaben kann der Zeitaufwand hierfür sehr hoch sein. Dies gilt insbesondere für das Löten. Mit dem erprobten "Off-Line"-Programmiersystem für Lötaufgaben wurde der Programmieraufwand um rund 90 % reduziert.

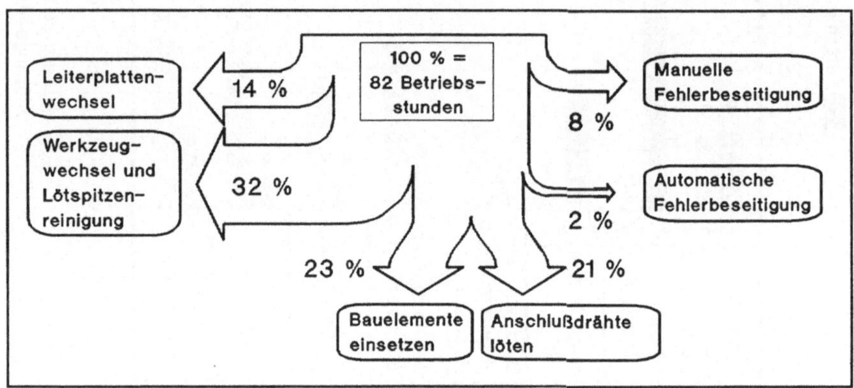

Bild 8.7: Sankeydiagramm zum Nutzungsgrad

8.3.3 Einfluß der Leiterplattenqualität auf die Bestückrate

Leiterplattenungenauigkeiten können in der aufgebauten Bestückstation mit Hilfe des im Greifersystem integrierten Vier-Quadranten-Sensors ausgeglichen werden. Dies gilt für Lageabweichungen der Indexierbohrungen und der Bestückbohrungen durch Dehnung der Leiterplatte. Bei zufälligen Abweichungen einzelner Bestückbohrungen wird das Fügen mit Hilfe von Suchstrategien durchgeführt. Versuche ergaben, daß das Ausmessen jeder einzelnen Bestückbohrung mit Hilfe des Vier-Quadranten-Sensors den doppelten Zeitaufwand benötigt.
Die Versuche, die alle mit dem in Bild 8.1 dargestellten Leiterplattentyp und Montageumfang durchgeführt wurden, dienten zur Ermittlung der Bestückrate in Abhängigkeit von den Leiterplattentoleranzen. Die Versuchsergebnisse
(Bild 8.8) lassen eine deutliche Abnahme der Bestückrate bei

- 115 -

schlechter Leiterplattenqualität erkennen.

Dabei ist zu berücksichtigen, daß sich die benötigte Taktzeit für den Ausgleich von Lageabweichungen der Indexierbohrungen auf den gesamten Arbeitsinhalt umlegt, d.h. die Bestückrate nimmt proportional zum Arbeitsinhalt zu.

Leiterplattenqualität			Toleranzausgleich durch:		
Max. Lageabweichungen der Indexierbohrungen	Max. Lageabweichungen durch Dehnung der LP	Max. Lageabweichungen der Bestückbohrungen	Anwendung eines Vier-Quadranten-Sensors		Suchstrategien
			2 Ref. bohrungen je LP	1 Referenzbohrung je BE	
+/- 0,05	+/- 0,01	+/- 0,05	—	—	—
+/- 0,2	+/- 0,01	+/- 0,05	●	—	—
+/- 0,2	+/- 0,15	+/- 0,05	●	●	—
+/- 0,2	+/- 0,15	+/- 0,15	●	●	●

● Zutreffend
— Nicht zutreffend

Werte der Bestückrate (Balkendiagramm): 568, 491, 386, 348 BE/h
(Achse: 0 100 200 300 400 BE/h 600, Bestückrate [1])

[1] ohne Berücksichtigung des Lötens und der Zeiten zum Be- und Entladen der Leiterplatte

Bild 8.8: Abhängigkeit der Bestückrate von der Leiterplattenqualität

8.4 Folgerungen aus den Versuchen

Die Versuchsergebnisse zeigen, daß die erarbeiteten Verfahren und Konzepte sowie die neu entwickelten Komponenten flexible Bestücksysteme mit Industrierobotern auch für Sonderbauelemente, die nur am Bauelementkörper gegriffen werden können und gegebenenfalls einzeln gelötet werden müssen, ermöglichen.

Die Versuche beweisen, daß die Prozesse "Einsetzen und Befestigen von Bauelementen" sowie "Weichlöten" mit Bestückrobotern auch ohne komplexe Sensorsysteme automatisierbar sind.

Mit Hilfe der entwickelten und erprobten Roboterwerkzeuge
können ohne hohen Peripherieaufwand Bestücksysteme aufgebaut
werden, die im Inselbetrieb arbeiten. Dies ermöglicht den
Einsatz auch in mittelständischen Unternehmen mit hoher
Produktvielfalt /29/.

8.4.1 Notwendige Weiterentwicklungen

Um Bestückstationen mit geringem Investitionsaufwand realisieren zu können, müssen Roboterwerkzeuge und Zuführsysteme
zum Bestücken weitgehend standardisiert und universell
ausgelegt werden. Durch die weitgehende Normierung von
Leiterplatten und Bauelementen sowie der Bestückprozesse ist
dies von seiten des Produktes gegeben. Eine Standardisierung
von Roboterwerkzeugen erfordert auch eine höhere Flexibilität
und bessere Prozeßkontrolle, um aufwendige Anpassarbeiten
vermeiden zu können. Nachfolgend werden beispielhaft entsprechende Anforderungen für die Weiterentwicklung des
Lötwerkzeuges aufgeführt:

- Die zugeführte Lötdrahtmenge muß durch einen Wegsensor
  überwacht werden können,

- die Abweichung der Ist-Temperatur der Lötspitze von der
  Soll-Temperatur muß überprüft werden können,

- die Einstellung der Orientierung der Lötdrahtführung in
  bezug auf den Lötkolben sollte programmierbar sein,

- programmierbarer Anstellwinkel β_{LK} des Lötkolbens,

- programmierbare Lötspitzentemperatur.

Die Realisierung der oben angeführten Anforderungen bedeutet,

daß die Lötwerkzeugsteuerung nicht mehr über digitale Ein-
und Ausgänge mit der Robotersteuerung verknüpft werden kann.
Das entwickelte Lötwerkzeug erfordert zum Beispiel bereits 7
Eingänge und 9 Ausgänge. Robotersteuerungen sollten deshalb
über andere serielle oder parallele Schnittstellen (V24 oder
IEC-Bus) verfügen.
Problematisch bei zunehmend flexiblen Roboterwerkzeugen wird
auch die Leistungs- und Signalübertragung zwischen Werkzeug
und Steuerung. Um die oben angeführten Flexibilitätsanforderungen erfüllen zu können, würde das entwickelte Lötwerkzeug
24 statt 12 elektrische Verbindungsleitungen erfordern, die
um eine hohe Beweglichkeit des im Versuchsaufbau verwendeten
Bestückroboters zu ermöglichen, durch die Pinole geführt
werden müssen.
Eine weitgehende Signalverarbeitung muß deshalb in das
Roboterwerkzeug integriert werden. Ein weiterer Grund sind
die langen Übertragungswege zwischen Werkzeug und Robotersteuerung.
Mit dem erprobten "Off-Line"-Programmiersystem konnte der
Programmieraufwand zwar erheblich reduziert werden, das
Bestimmen der optimalen Lötparameter erfordert aber immer
noch umfangreiche Testreihen und eine große Erfahrung des
Programmierers.
Diese optimalen Lötparameter sollten durch das "Off-Line"-
Programmiersystem bestimmt werden können. Die Anwendung
einfacher Algorithmen und Erfahrungswerte bis hin zu Methoden
der künstlichen Intelligenz ist hier denkbar.

8.4.2   <u>Montagegerechte Produktgestaltung</u>

Ein großes Hemmnis für den Einsatz von Bestücksystemen ist
häufig eine mangelnde montagegerechte Produktgestaltung. Dies
wurde durch die durchgeführten Versuche bestätigt.
Allgemeingültige Regeln und Verfahren zur montagegerechten
Produktgestaltung sind zwar in großer Zahl vorhanden /13/,

eignen sich aber nur sehr beschränkt für die vorliegende Problemstellung. Nachfolgend werden deshalb Maßnahmen dargestellt, die für die Sonderbauelementebestückung relevant sind.

Hierbei ist zu unterscheiden zwischen Maßnahmen an Bauelementen und Maßnahmen am Aufbau (Layout) der Leiterplatte.

Da Maßnahmen an Bauelementen vom Anwender nur indirekt beeinflußt werden können, sollen sie nicht betrachtet werden.

Aus der Konzeption eines flexiblen Bestücksystems sowie den durchgeführten Versuchen lassen sich folgende Maßnahmen zur Gestaltung von Leiterplatten ableiten:

- Für einen autonomen Betrieb einer Bestückstation als Fertigungsinsel müssen die Leiterplatten magazinierbar sein. Im Randbereich dürfen deshalb keine Bauelemente angeordnet sein. Für Leiterplatten mit nicht rechteckigen oder kleinen Abmessungen ist eine Fertigung im Nutzen vorzusehen.

- Alle Nutzen- bzw. Leiterplattengrößen sollten gleich oder auf wenige, standardisierte Abmessungen beschränkt sein. Die Nutzenabmessungen sollen so gewählt werden, daß eine maximale Zahl an Leiterplatten darin integriert werden kann, sodaß die Arbeitshinhalte pro Nutzen maximal werden. Das größte Nutzenformat ist durch die für Standard-Bestückautomaten größtmöglichen Abmessungen begrenzt (457 x 457 mm).

- Bei Sonderbauelementen ist vor allem die Vielfalt an geometrischen Abmessungen und Anlieferungsformen zu minimieren.

- Größtmögliche Durchmesser der Bestückbohrungen sind vorzusehen.

- Einheitliche Indexierbohrungen im Nutzen und in jeder Leiterplatte innerhalb des Nutzens sind vorzusehen.

- Für die Anbringung einer maschinenlesbaren Codierung (Bar-Code) ist ein nicht bestückter Bereich vorzusehen.

- Für ausreichenden Greiferöffnungsfreiraum bei der Bauelementeanordnung ist zu sorgen.

- An Lötstellen, für die Einzellöten vorgesehen ist, muß ausreichend Raum für den Lötkolben und die Lötdrahtzuführung zur Verfügung stehen.

Die Bestückung von Sonderbauelementen wird heute weitgehend
manuell durchgeführt und führt deshalb gleichzeitig zu hohen
Lohnkosten und Fehlerraten in der Leiterplattenbestückung.
Trotz großer Anstrengungen hat bisher nur die automatische
Bestückung von Sonderbauelementen, die an den Anschlußdrähten
gegriffen werden können, Einführung in die industrielle
Anwendung gefunden. Die Restbestückung nach dem Wellenlöten,
einschließlich des dann notwendig werdenden Einzellötens,
erfolgt heute ausschließlich manuell.

In der vorliegenden Arbeit werden die einzelnen Prozeßschritte beim Bestücken im Detail analysiert.
Das Entwickeln und Erproben von Verfahren zur Automatisierung
dieser Prozeßschritte ist Voraussetzung für das systematische
Erarbeiten von Konzepten für ein flexibles Bestücksystem für
Sonderbauelemente. Es wird der Aufbau und die Erprobung einer
Versuchsanlage und die erforderliche Komponentenentwicklung
beschrieben.
Als wesentliche Probleme beim Fügen von Sonderbauelementen
erwiesen sich bei der Analyse der geringe Greiferöffnungs-
freiraum, die hohen Werkstücktoleranzen, die zu hohen
Gesamtabweichungen in der Toleranzkette beim Fügen führen,
und die Geometrie der Fügestelle ohne Einführschrägen, sowie
die Notwendigkeit des simultanen Fügens aller Anschlußdrähte
eines Bauelements.
Die entwickelten Verfahren für das Vorbereiten und Fügen von
Bauelementen eignen sich besonders für eine mittelfristige
Realisierung und ermöglichen eine hohe Fügesicherheit bei
begrenztem Aufwand. Als besonders geeignet erwies sich das
Prinzip des "schwimmenden Greifers" und das aktive bzw.
passive Richten der Anschlußdrähte für das Vorbereiten und
Einsetzen.
Zur Restbestückung mit Einzellöten wurde ein Verfahren zum
Weichlöten entwickelt. Die Erprobung zeigte, daß das Ver-

fahren bei ungefähr gleicher Taktzeit eine wesentlich höhere
Qualität als das manuelle Löten erbringt.
Die entwickelten Verfahren für die einzelnen Prozeßschritte
sind nur teilweise vergleichbar. Für den Gesamtprozeß sind
einzelne Verfahren abhängig von der genauen Aufgabenstellung
zu kombinieren.
Verfahren ohne Bildverarbeitungssysteme erwiesen sich
allgemein als einfacher realisierbar und, bis auf wenige
Ausnahmen, allen Problemstellungen gewachsen.
Aufbauend auf den entwickelten Verfahren wurden fünf Konzepte
für flexible Bestücksysteme mit unterschiedlichem Anwendungs-
bereich und Automatisierungsgrad ausgearbeitet. Sie sind für
eine Bestückleistung von mindestens 500 Bauelementen pro
Stunde ohne Einzellöten ausgelegt. Zur Auswahl des geeigneten
Konzeptes für Problemstellungen mit spezifischen Randbe-
dingungen sind die typischen Eigenschaften dargestellt.
Der Aufbau der Versuchsanlage machte unter anderem die
Entwicklung eines robotergerechten Lötwerkzeugs, eines
Leiterplattengreifers und eines Greifersystems zum Bestücken
erforderlich.
Die schwer erfüllbaren Anforderungen an die Funktion des
Bestückgreifers erforderten eine vertiefte Untersuchung
möglicher Lösungsprinzipien und Konzeptvarianten.
Weiterhin wurden Vorversuche zur Bestimmung der bewegten
Masse beim Toleranzausgleich durchgeführt.
Die Realisierbarkeit der entwickelten und ausgewählten
Verfahren und Konzepte und der entsprechenden Komponenten
wurde durch den Aufbau der Versuchsanlage nachgewiesen. Die
Erprobung im Dauerbetrieb ergab wichtige Kenngrößen zur
Planung eines Bestücksystems für den industriellen Einsatz.
Aus der Realisierung und Erprobung der Versuchsanlage ließen
sich weiterhin notwendige Weiterentwicklungen zur Leistungs-
steigerung der Roboterwerkzeuge und auch Maßnahmen zur
montagegerechten Produktgestaltung ableiten.
Die gewonnenen Ergebnisse ermöglichen die Realisierung
automatisierter Bestücksysteme, die wirtschaftlich arbeiten

und flexibel unterschiedliche Bestückprozesse durchführen können. Durch den Aufbau der Versuchsanlage wurde die Machbarkeit des automatischen Einsetzens und Einzellötens von Bauelementen innerhalb einer Fertigungszelle nachgewiesen.

Durch den zunehmenden Einsatz von oberflächenmontierbaren Bauelementen und der damit verbundenen Mischbestückung wird die Zahl möglicher Anwendungen der entwickelten Systeme noch zunehmen /7/. Dies gilt insbesondere für das Löten mit Industrierobotern, da das Wellenlöten einzelner bedrahteter Bauelemente auf einer Leiterplatte vermieden werden kann.

Für einzelne Bestückprozesse standardisierte und damit preisgünstige Peripherieelemente und Roboterwerkzeuge, die vollständig in das Steuerungssystem des Bestückroboters integriert sind, sowie komfortable, auf die Hardware abgestimmte, Programmiersysteme werden zukünftig zu einer raschen Verbreitung von Industrierobotern zum Bestücken von Sonderbauelementen führen.

/1/ Abele, E.;   Studie zur Untersuchung der Einsatz-
     u.a.:   möglichkeiten von flexibel automati-
                         sierten Montagesystemen in der
                         industriellen Produktion.
                         Düsseldorf: VDI-Verlag, 1984

/2/ Abele, E.;   Einsatzmöglichkeiten flexibel automati-
     Bäßler, R.;   sierter Montagesysteme.
     Wolf, E.:   In: VDI-Z 126 (1984) 13, S.`465-473

/3/ Abele, E.;   Neue Anwendungen von Montagerobotern
     Wolf, E.:   für elektrotechnische Produkte.
                         In: wt - Z.ind.Fertig. 75 (1985) 4,
                         S. 214-218

/4/ Warnecke, H.J.;   Robotic insertion of odd components
     Wolf, E.:   into printed circuit boards.
                         In: Assembly Automation 5 (1985) 4,
                         S. 198-201

/5/ DIN 40 804   Gedruckte Schaltungen: Begriffe.
                         August 1977

/6/ DIN 40 801   Gedruckte Schaltungen: Grundlagen,
     Bl. 1   Raster. August 1971

/7/ Warnecke, H.J.;   Integrated automatic insertion and
     Schweizer, M.;   soldering of non-standard components
     Wolf, E.:   with assembly robots.
                         In: 8th International Conference on
                         Assembly Automation, 31.3.-2.4.1987,
                         Copenhagen, DK. Kempston: IFS-Publ.,
                         1987, S. 79-88

/8/ DIN IEC 286   Gurtung und Magazinierung von Bau-
    T. 1   elementen für automatische Verarbei-
                  tung: Gurtung von Bauelementen mit
                  axialen Anschlüssen. September 1982

/9/ DIN IEC 40   Verpackung von Bauelementen für die
    (CO)544   automatische Verarbeitung. Teil 2:
                  Gurtverpackung von Bauelementen mit
                  einseitigen Drahtanschlüssen (Nachtrag
                  zu IEC 286). Dezember 1983

/10/ De La Cruz, M.: The Development of a high-performance
                  robotic assembly center for printed
                  wiring board non-standard electronic
                  component assembly.
                  In: Robots 8 Conference Proceedings.
                  Dearborn, Michigan: SME, 1984, Vol. 1,
                  S. 8-11 - 8-43

/11/ Kelch, D.:   Leiterplattenmontage mit Industrierobo-
                  tern.
                  In: Internationaler MHI-Kongreß
                  Hannover-Messe, 18.-20.4.1985.
                  Stuttgart: IPA, 1985, S. 33-39

/12/ DIN 8593 T.0 Fertigungsverfahren Fügen: Einordnung,
                  Unterteilung, Begriffe. September 1985

/13/ Walther, J.: Montage großvolumiger Produkte mit
                  Industrierobotern. (IPA-IAO Forschung
                  und Praxis; 88).
                  Berlin u.a.: Springer, 1985.
                  Zugl. Stuttgart, Univ., Diss., 1985

/14/ N.N.   Die Montage im flexiblen Produktions-
                        betrieb: Ergebnisbericht 1984-85-86 des
                        Sonderforschungsbereichs 158 der
                        Universität Stuttgart. Stuttgart:
                        Universität, SoFo 158, 1987

/15/ Schult, C.:   Automatisches Fügen mit Mehrstellenkon-
                        takt am Beispiel von elektronischen
                        Bauelementen.
                        Furtwangen, Fachhochschule, Fachbereich
                        Feinwerktechnik, Diplomarbeit, 1986

/16/ Miller, D.:   Robotic assembly in electronics
                        manufacturing.
                        In: Robotics Today 5 (1983) 6, S. 28-32

/17/ Mangin, C.H.:   Flexible electronics assembly.
                        In: Robotics World 2 (1984) 6, S. 24-26

/18/ VDI 2860   Montage- und Handhabungstechnik:
     Bl. 1 E   Handhabungsfunktionen, Handhabungsein-
                        richtungen, Begriffe, Definitionen,
                        Symbole. Oktober 1982

/19/ Warnecke, H.J.;   Industrieroboter.
     Schraft, R.D.:   2., völlig neu bearb. Aufl.
                        Mainz: Krausskopf, 1979

/20/ N.N.   The AdeptOne (TM) Robot System
                        Dortmund: adept Technology Deutschland,
                        ca. 1987

/21/ Warnecke, H.J.;   Handbuch Handhabungs-, Montage- und
     Schraft, R.D.:   Industrierobotertechnik. Teil III.
                        Landsberg/Lech: Verlag Moderne Indu-
                        strie, ab 1984 (Losebl.-Ausg.)

/22/ Schlauch, E.:   Flexible Automatisierung in der Montage
                      von elektronischen Baugruppen.
                      Unveröff. Tagungsvortrag, Tagung der
                      VDI/VDE-Gesellschaft Feinwerktechnik,
                      Darmstadt, 13.-14.3.1985

/23/ Nevins, J.L.;   Research on advanced assembly automa-
     Whitney, D.E.:   tion.
                      In: Computer 10 (1977) 12, S. 24-28

/24/ Schweizer, M.:   Taktile Sensoren für programmierbare
                      Handhabungsgeräte. (IPA Forschung und
                      Praxis).
                      Mainz: Krausskopf, 1978. Zugl. Stutt-
                      gart, Universität, Diss., 1978

/25/ Hermann, G.;   Leiterplatten: Herstellung und Verar-
     u.a.:   beitung; Advanced Technology.
                      Saulgau: Leuze, 1978

/26/ Kintner, W.H.:   Robots for electronic assembly.
                      In: Robots 9 Conference Proceedings,
                      Detroit, June 2-6, 1985. Dearborn, Mi.:
                      SME, 1985, Vol. 1, S. 9-53 - 9-73

/27/ N.N.   Flexible Montagesysteme zur Leiterplat-
                      tenbestückung.
                      In: Tätigkeitsbericht 1985, Fraunhofer-
                      Institut für Produktionsanlagen und
                      Konstruktionstechnik (IPK), Berlin.
                      München: Fraunhofer-Gesellschaft, 1986,
                      S. 54-60

/28/ Fischer, W.:   Planung von Transportsystemen für
                        Stückgüter: Bestimmungsgrößen zur
                        Abgrenzung der Einsatzbereiche von
                        Transportmitteln nach technischen und
                        wirtschaftlichen Gesichtspunkten.
                        Stuttgart, Universität, Diss., 1981

/29/ N.N.   Lötkolben in Roboter-Hand: Hohe
                        Qualität beim automatischen Weichlöten.
                        In: Flexible Automation (1987) 3,
                        S. 43-45

/30/ Henderson, J.;   New robotic systems change the electro-
     Hosier, R.N.:   nic assembly factory.
                        In: Robots 8 Conference Proceedings,
                        June 4-7, 1984, Detroit. Dearborn, Mi.:
                        SME, 1984, Vol. 1, S. 8-57 - 8-75

/31/ Holcomb, G.   Assembly performed in a flexible
                        electronics system.
                        In: Robotics World 3 (1985) 7-8,
                        S. 28-30

/32/ Wood, E.I.;   Robots find niche in electronics
     Scarborough, D.: assembly.
                        In: Manufacturing Engineering 94 (1986)
                        10, S. 57-59

/33/ Schraft, R.D.;   Anwendungsmöglichkeiten von Industrie-
     Wolf, E.:   robotern für automatisierte Montage.
                        In: Maschinenmarkt 90 (1984) 22,
                        S. 493-496

/34/ Cardaun, U.:   Systematische Auswahl von Greiferkon-
                        zepten für die Werkstückhandhabung.
                        Hannover, Universität, Diss., 1981

/35/ Verhaegen, J.:   PCB assembly with the aid of an IR and
                      different sensors.
                      In: Proceedings of the 7th Internatio-
                      nal Conference on Assembly Automation,
                      February 4-6, 1986, Zürich. Ed. by W.
                      Guttropf. Kempston: IFS-Publ.; Berlin
                      u.a.: Springer, 1986, S. 323-334

/36/ Pütz, U.;   Flexible Baugruppenmontage in der
     Lücke, D.:   Elektronikfertigung.
                      In: ZwF 81 (1986) 8, S. 435-441

/37/ Schlüter, K.:   Studie zur Nutzungsgradanalyse von SMD-
                      Bestückungsautomaten MS 72.
                      Erlangen, Universität, Lehrstuhl für
                      Fertigungsautomatisierung und Produk-
                      tionssystematik, 1986

/38/ Van Brussel, H.; Laser guided robot assembly of printed
     Thielemans, H.: circuit boards.
                      In: Proceedings of the 5th Internatio-
                      nal Conference on Assembly Automation,
                      May 22-24, 1984, Paris. Ed. by J.
                      Krautter. Kempston: IFS-Publ.; Amster-
                      dam: North-Holland Publ., 1984,
                      S. 75-83

/39/ Murai, R.;   Automtic insertion of electronic
     Asano, T.;   components by optical detection of lead
     Kawana, T.:   positions.
                      In: Proceedings of the 4th Internatio-
                      nal Conference on Assembly Automation,
                      October 11-13, Tokyo. Ed. by H. Makino.
                      Kempston: IFS-Publ.; Amsterdam: North-
                      Holland Publ., 1983, S. 390-399

/40/ Sanderson, A.C.: Sensor-based robotic assembly systems:
                     research and applications in electronic
                     manufacturing.
                     In: Proceedings of the IEEE 71 (1983)
                     7, S. 856-871

/41/ Bodenstab, J.: Machine vision for electronics
                     manufacturing.
                     In: Robotics Engineering (1986) 9,
                     S. 21-25

/42/ Eberbach, R.:   Verdrängt Einpreßtechnik das Löten?
                     In: Der Elektroniker 22 (1983) 11,
                     S. 34-36

/43/ Doemens, G.;   A fast 3-D sensor with high dynamic
     Buerger, W. W.; range for industrial application.
     Haas, G.;   in: 6th International Conference on
     Schneider, R.: Robot Vision and Sensory Control, 3.-5.
                     Juni 1986, Paris. Ed. by M. Briot.
                     Kempston: IFS- Publ.; Berlin u.a.:
                     Springer, 1986, S. 197 - 207

/44/ Hofmann, B.D.; Vibratory insertion process: a new
     Pollack, S.H.; approach to non-standard component
     Weissman, B.:   insertion.
                     In: Robots 8 Conference Proceedings,
                     June 4-7, 1984, Detroit. Dearborn, Mi.:
                     SME, 1984, Vol. 1, S. 8-1 - 8-10

/45/ N.N.:   Specifications PANASERT RH.
                     Fa. Panasonic Deutschland GmbH,
                     Hamburg, Technical Report No. 5

/46/ Wolf, E.:   Robotereinsatz bei der Leiterplattenbe-
                          stückung.
                          Vortrag Praktiker-Tagung SMT, 12.-13.
                          Februar 1987, Stuttgart-Münchingen

/47/ Zwicky, F.:   Entdecken, Erfinden, Forschen im
                          morphologischen Weltbild.
                          München; Zürich: Droemer, 1971

/48/ VDI 2222 Bl. 1   Konstruktionsmethodik: Konzipieren
                          technischer Produkte. Mai 1977

/49/ Wolf, E.:   CIM in der Elektronik-Fertigung.
                          Vortrag FABRITEC '86: SMD-Tagung,
                          10. September 1986, Basel, Schweiz

/50/ McCleary, R.D.:   Printed circuit board assembly and
                          test. Is automation adaptable?
                          In: Robots 8 Conference Proceedings,
                          June 4-7, 1984, Detroit. Dearborn, Mi.:
                          SME, 1984, Vol. 1, S. 8-76 - 8-91

/51/ Hesselbach, J.;   Programmiersysteme für Industrie-
     Storr, A.;   roboter.
     u.a.:   In: wt - Z. ind. Fertig. 74 (1984) 9,
                          S. 524 - 528.

/52/ N.N.   Messeneuheiten.
                          Prospekt der Firma O. Schwenk, Fell-
                          bach, 1986

/53/ Lotter, B.:   Wirtschaftliche Montage - Handbuch für
                          Elektrogerätebau u. Feinwerktechnik.
                          Düsseldorf: VDI-Verlag, 1986,
                          S. 61 - 62

/54/ Redarce, T.;   A compliant and electromagnetic table
     Fakri, A.;   with partial levitation for robotic
     Jutard, A.;   assembly.
     Yonnet, J.P.:   In: Proceedings of the 8th Annual
                        British Robot Association Conference,
                        May 14-17, 1985, Birmingham. Ed. by
                        J.A. Collins. Kempston: IFS-Publ.,
                        1985, S. 143-151

/55/ Kirk, K.H.:   Robot system for insertion of custom
                        leaded components into a P.C.Board.
                        In: Robots 9 Conference Proceedings,
                        June 2-6, 1985, Detroit. Dearborn, Mi.:
                        SME, 1985, Vol. 1, S. 9-19 - 9-34

/56/ Hagemann, W.:   Einsatz von elektrischen Präzisions-
                        Kleinstmotoren für Greifer von Indu-
                        strierobotern.
                        In: Feingerätetechnik 34 (1985) 12,
                        S. 549-550

/57/ Kim, S.D.;   Performance enhancement of a grasping
     Cho, H.S.;   force control system for robot grippers
     Lee, C.W.:   via a modified on-off controller.
                        In: Toward the Factory of the Future.
                        Ed. by H.-J. Bullinger and
                        H.J. Warnecke. Berlin u.a.: Springer,
                        1985, S. 585-590

/58/ N.N.   Ergebnisbericht des Sonderforschungsbe-
                        reiches 208 "Handhabungstechnik" für
                        den Forschungszeitraum 1983-1985.
                        Aachen: RWTH, Institut für hydraulische
                        und pneumatische Antriebe und Steue-
                        rungen, 1985

/59/ Smith, D.R.;   Design of a low-cost, microprocessor-
     Thint, M.P.:   controlled precision robot gripper.
                      In: Robots 9 Conference Proceedings,
                      June 2-6, 1985, Detroit. Dearborn, Mi.:
                      SME, 1985, Vol. 1, S. 6-15 - 6-27

/60/ Wolf, E.;   Automatisches Weichlöten mit Montagero-
     Foo, J.:   botern.
                      In: Elektronik-Technologie, Elektronik-
                      Anwendungen, Elektronik-Marketing
                      (1986) 13, S. 51-53

/61/ Söhner, M.:   Schneller Einstieg durch das Fenster:
                      Moderne Techniken erleichtern Offline-
                      Programmierung der Industrieroboter.
                      In: VDI-Nachrichten 41 (1987) 13, S. 73

/62/ Werner, R.:   Automatisieren manueller Lötstellen.
                      In: Leiterplatte '86, Große Fachtagung,
                      Karlsruhe, 5.-6. Mai 1986.
                      Düsseldorf: VDI/VDE-Gesellschaft
                      Feinwerktechnik, 1986, Bd. 2, S. 84-92

IPA Forschung und Praxis

Schriftenreihe aus dem Institut für Produktionstechnik und Automatisierung, Stuttgart

Herausgeber: Prof. Dr.-Ing. H. J. Warnecke

Stufenweise Ableitung eines praktischen Planungssystems für den Entwicklungsbereich
Von R. Hichert. ISBN 3-7830-0149-8.
1978, 151 Seiten, kartoniert.   52,— DM

Produktionsplanung mit Auftragsfamilien
Von U. W. Geitner. ISBN 3-7830-0161.7.
1979, 110 Seiten, kartoniert.   45,— DM

Thermisch-chemisches Entgraten
Von T. Wagner. ISBN 3-7830-0164-1.
1979, 111 Seiten, kartoniert.   45,— DM

Untersuchung der Materialflußkosten bei ausgewählten Systemen der Zentralen Arbeitsverteilung
Von R. Wenzel. ISBN 3-7830-0162-5.
1979, 168 Seiten, kartoniert.   86,— DM

Anpassung und Einführung eines Planungssystems für die Ablaufplanung im Konstruktionsbereich
Von W. Dangelmaier. ISBN 3-7830-0163-3.
1979, 168 Seiten, kartoniert.   80,— DM

Längenmessungen an bewegten Teilen mit berührungslos wirkenden Aufnehmern
Von H. Lang. ISBN 3-7830-0157-9.
1979, 89 Seiten, kartoniert.   42,— DM

Untersuchung multistabiler Strömungselemente und ihr Einsatz in sequentiellen Steuerungen
Von A. Ernst. ISBN 3-7830-0157-9.
1979, 122 Seiten, kartoniert.   48,— DM

Taktile Sensoren für programmierbare Handhabungsgeräte
Von M. Schweizer. ISBN 3-7830-0158-7.
1979, 91 Seiten, kartoniert.   42,— DM

Die rechnerunterstützte Prüfplanung
Von P. Bläsing. ISBN 3-7830-0152-8.
1979, 100 Seiten, kartoniert.   44,— DM

Verfahren zur Fabrikplanung im Mensch-Rechner-Dialog am Bildschirm
Von W. Ernst. ISBN 3-7830-0156-0.
1979, 218 Seiten, kartoniert.   72,— DM

Rechnerunterstütztes Verfahren zur Leistungsabstimmung von Mehrmodell-Montagesystemen
Von M. Görke. ISBN 3-7830-0155-2.
1979, 139 Seiten, kartoniert.   50,— DM

Standortbezogene Betriebsmittel
Von G. Pflieger. ISBN 3-7830-0167-6.
1979, 127 Seiten, kartoniert.   52,— DM

Die betriebswirtschaftliche Beurteilung neuer Arbeitsformen
Von B.-H. Zippe. ISBN 3-7830-0168-4.
1979, 350 Seiten, kartoniert.   98,— DM

Untersuchung des Arbeitsverhaltens programmierbarer Handhabungsgeräte
Von B. Brodbeck. ISBN 3-7830-0169-2.
1979, 117 Seiten, kartoniert.   48,— DM

Untersuchung eines kohärent-optischen Verfahrens zur Rauheitsmessung
Von N. Rau. ISBN 3-7830-0174-9.
1979, 117 Seiten, kartoniert.   48,— DM

Entwicklung einer programmierbaren, pneumatischen Steuerung
Von D. Klemenz. ISBN 3-7830-0171-4.
1979, 93 Seiten, kartoniert.   42,— DM

IPA Forschung und Praxis

Berichte aus dem Fraunhofer-Institut für Produktionstechnik und Automatisierung, Stuttgart, und dem Institut für Industrielle Fertigung und Fabrikbetrieb der Universität Stuttgart

Herausgeber: Prof. Dr.-Ing. H. J. Warnecke

IPA-IAO Forschung und Praxis

Berichte aus dem Fraunhofer-Institut für Produktionstechnik und Automatisierung (IPA), Stuttgart, Fraunhofer-Institut für Arbeitswirtschaft und Organisation (IAO), Stuttgart, und Institut für Industrielle Fertigung und Fabrikbetrieb der Universität Stuttgart

Herausgeber: Prof. Dr.-Ing. H. J. Warnecke und Prof. Dr.-Ing. H.-J. Bullinger

Die Bände sind im Erscheinungsjahr und in den folgenden drei Kalenderjahren zu beziehen durch den örtlichen Buchhandel oder durch Lange & Springer, Otto-Suhr-Allee 26-28, 1000 Berlin 10.